海洋产业填海项目
控制指标及集约评价研究

海洋出版社

2015 年·北京

图书在版编目(CIP)数据

海洋产业填海项目控制指标及集约评价研究／徐伟，
王晗，刘大海著．—北京：海洋出版社，2015.9
ISBN 978 – 7 – 5027 – 9250 – 3

Ⅰ．①海…　Ⅱ．①徐…②王…③刘…　Ⅲ．①填海造
地 – 研究 – 中国　Ⅳ．①TU982.2

中国版本图书馆 CIP 数据核字(2015)第 231617 号

责任编辑：高朝君　肖　炜
责任印制：赵麟苏

海洋出版社 出版发行

http://www.oceanpress.com.cn
北京市海淀区大慧寺路 8 号　邮编：100081
北京朝阳印刷厂有限责任公司印刷
2015 年 9 月第 1 版　2015 年 9 月北京第 1 次印刷
开本：787 mm×1092 mm　1/16　印张：16
字数：220 千字　定价：80.00 元
发行部：62132549　邮购部：68038093　总编室：62114335
海洋版图书印、装错误可随时退换

编写人员

徐　伟　　王　晗　　刘大海　　岳　奇
张静怡　　滕　欣　　谢素美　　古　妩
杨　亮　　曹　东　　王　平　　杨黎静
邢文秀　　张金轩

前　言

随着我国工业化、城镇化的快速发展，沿海地区在我国生产力布局中将承担新的高层次的任务，发展临海产业和海洋经济已成为新的经济增长点。加之，城市人口进一步向沿海地区集聚，这必然增加了围填用海的需求，促使我国填海规模逐渐扩大，掀起了第四次围填海高潮，用途也从以农业、渔业、盐业为主转变为以港口建设、临海工业园区、沿海城市建设为主。据国家海洋局《海域使用管理公报》显示，自 2002 年《中华人民共和国海域使用管理法》实施至 2014 年底，我国累计确权围填海面积达到 15.7 万公顷，年均确权围填海面积 1.21 万公顷。

然而，沿海地区对岸线和海域资源的开发利用却存在着简单、粗放利用和闲置浪费等诸多问题，这使得临海产业在产业结构和布局以及海域资源利用等方面显现出不同程度的效率低下。尽管海域广阔，但当海域达到一定深度时，填海在经济上就变得不可行了，这决定了人类不可能无限制地向海域拓展空间。一些地方随意占用稀缺的海岸资源，开展大规模的填海造地活动，不仅造成海岸资源的严重浪费，而且给海岸自然环境和生态系统带来了巨大的压力。所以，海域和海岸线资源供给的有限性要求人们合理、科学、集约开发利用海岸资源，实现海洋经济的持续发展。

海域集约利用虽然是一个新兴的领域，但已成为我国经略海洋的重要理念。海域集约利用是指在一定自然、经济、技术和社会条件下，根据沿海地区海域的功能区划及发展目标，以海域合理布局、优化海域利用方式、环境消耗最小化和可持续发展为前提，通过适度增加海域面积和资金投入、改进技术和改善管理水平等途径，不断提高海域资源利用效率，以期取得良好的经济、社会和生态环境综合效益。海域集约利用是海洋生态文明建设的根本之策，是建设海洋强国的战略选择。国家海洋局非常重视集约用海管理，明确提出了集约用海的相关要求，要求"以加快转变海洋经济发展方式为目标，处理好保障发展与保护资源的关系，优化用海布局，调整用海结构，改变传统的分散用海方式、粗放用海方式，实行集中适度规模开发，提高单位岸线和用海面积的投资强度，实现海域资源的合理配置"；"要控制单个项目用海面积，制定不同行业单个用海项目面积标准，防止圈海占海和浪费海域资源"；"围填海项目尽量不占用岸线，确实要占用的，应压缩到最低限度，保护自然岸线，延长人工岸线，保留公共通道，打造亲水岸线"。多年来，我国海洋行政管理部门在海域管理工作中，已经逐渐形成了一些关于集约用海的管理理念，在海域使用论证和海域审批中得到了应用。但是，到目前为止，我国尚未出台专门针对"集约用海"管理的规范性文件和标准规范。

规划、集约用海的重要内容之一就是海域的定额定量管理，但我国目前建立的海洋功能区划、海洋环境评价、海域使用论证、围填海计划、海岸带保护与利用规划等技术手段都重在解决某块海域是否可以围填的问题，缺乏从产业角度考虑某一项目应围填多大面积海和占用多长岸线适宜的理论方法和技术标准。由于缺乏必要的评价体系和参数，当前的海域管理技术还不能满足对项目用海面积适宜性进行评价和定额管理的需要，这无疑使得海域使用审批缺乏强有力的支撑依据，弱化了对产业围填用海规模和速度的控制管理。

本书的主要目的是制定"海洋产业填海项目控制指标"，其涵义是指在一定时期内，在特定经济技术和管理水平条件下，控制单个用海项目的主体工程和配套工程额定填海面积的标准。该控制指标是衡量各类产业用海是否科学、合理和集约的综合指标，是编审海域使用论证报告、区域建设用海规划等文书的重要依据，也是填海造地项目检查、竣工验收的重要内容，对各类产业用海起到规划性、导向性、约束性和控制性的作用，促进建立海域集约利用的长效机制。本书适应我国海域资源管理发展的新形势，从临海产业用海角度探讨各类产业填海面积的控制性指标，形成科学的控制与管理体系，对促进海域资源的科学、合理、节约和集约化利用，提高国家对围填海造地的管理调控能力，保障我国海洋经济健康可持续发展具有重要意义。

作　者
2015 年 6 月

目　录

第一章 导 论

　　海域和海岸线资源是海洋经济发展的重要载体，也是稀缺空间资源。科学利用岸线和近岸海域资源，适度进行围填海活动，不仅能够保障国家能源、交通、工业等重大建设项目和重点行业的用海需求，同时能够有效缓解沿海地区经济迅速发展与建设用地供给不足的矛盾。本章主要阐述了这一问题的研究背景、研究意义、基础理论以及研究方法。

1.1　研究背景

　　随着我国海洋经济的发展，各类产业用海规模迅速扩大，为处理好保障发展与保护资源的关系，必须转变粗放的用海方式，坚持集约用海，科学合理配置海域资源。通过制定海洋产业填海项目控制指标和海洋产业集约水平评价方法，可推进海洋产业用海面积和使用岸线长度的定额管理，促进海域资源的高效集约利用，提高项目建设用海的管理水平，同时也是贯彻落实"五个用海"总体要求的重要手段之一。

　　1）海域和海岸线资源供给有限，用海矛盾越来越突出

　　海域和海岸线资源是海洋经济发展的物质基础。随着我国进入工业化中期，沿海地区在我国生产力布局中将承担新的高层次的任务，发展临海产业和海洋经济将成为重要的新增点，城市人口也会进一步向沿海地区集聚，这必然增加了围填用海的需求[①]。然而，沿海地区对岸线和海域资源

---

① 王江涛，张潇娴，徐伟. 围填用海总量控制指标确定方法——以天津市为例[J]. 海洋技术，2010(02)：98-100.

的开发利用却存在着简单、粗放利用和闲置浪费等诸多问题，这使得临海产业在产业结构和布局以及海域资源利用等方面显现出不同程度的效率低下。尽管海域广阔，但当海域达到一定深度时，填海在经济上就变得不可行了，因而决定了人类不可能无限制地向海域拓展空间。一些地方随意占用稀缺的海岸资源，开展大规模的填海造地活动，不仅造成海岸资源的严重浪费，而且给海岸自然环境和生态系统带来了巨大的压力。所以，海域和海岸线资源供给的有限性要求人们合理、科学、集约开发利用海岸资源，实现海洋经济的可持续发展。

2）缺少海洋产业填海项目定量方法和技术标准导致产业用海简单粗放

规划、集约用海的重要内容之一就是海域的定额定量管理，但我国目前建立的海洋功能区划、海洋环境评价、海域使用论证、围填海计划、海岸带保护与利用规划[1]-[4]等技术手段都重在解决某块海域是否可以围填的问题，缺乏从产业角度考虑某一项目应围填多大面积海和占用多长岸线适宜的理论方法和技术标准。由于缺乏必要的评价体系和参数，当前的海域管理技术还不能满足对项目用海面积适宜性进行评价和定额管理的需要，对部分项目的"用海面积"只能进行被动式管理，这无疑使得海域使用审批缺乏强有力的支撑依据，只能参考土地部门的用地指标或对比同等规模产业用海的使用面积，这大大弱化了对产业围填用海规模和速度的控制管理。因此，从临海产业用海角度探讨各类产业填海面积的控制性指标，形成科学的控制与管理体系，对促进海域资源的科学、合理、节约和集约化利用，提高国家与地方对围填海造地的管理调控能力，支撑我国海洋经济健康可持续发展具有重要意义。

3）海域管理部门贯彻落实"五个用海"，重视"集约用海"管理

国家海洋局非常重视海域集约用海的管理，明确提出了集约用海的相

---

①刘大海，陈小英，陈勇，等. 海湾围填海适宜性评估与示范研究[J]. 海岸工程，2011（03）：74 - 75.

②周明耀，杨锦忠，陈朝如，等. 村镇建设用地控制指标的系统分析方法[J]. 农业系统科学与综合研究，1998（01）：17 - 20，24.

③王江涛. 海域使用水平评价指标体系构建及其评价[J]. 海洋通报，2008（02）：59 - 63.

④青岛市人民政府. 青岛市工业发展用地指南（2007 版）.

关要求，要求"以加快转变海洋经济发展方式为目标，处理好保障发展与保护资源的关系，优化用海布局，调整用海结构，改变传统的分散用海方式、粗放用海方式，实行集中适度规模开发，提高单位岸线和用海面积的投资强度，实现海域资源的合理配置"；"要控制单个项目用海面积，制定不同行业单个用海项目面积标准，防止圈海占海和浪费海域资源"；"围填海项目尽量不占用岸线，确实要占用的，应压缩到最低限度，保护自然岸线，延长人工岸线，保留公共通道，打造亲水岸线"。

在海域管理工作中，已经逐渐形成了一些关于集约用海的管理理念，在海域使用论证和海域审批中得到了应用。但是，到目前为止，我国尚未出台专门针对"集约用海"管理的规范性文件和标准规范。本研究是中国首次对海洋产业填海项目集约用海情况进行调查和评价，对贯彻落实"五个用海"要求具有重要意义；制定海洋产业填海项目控制指标也是当前专门针对"集约用海"管理开展的首个科研任务，其制定和实施将为中国海域集约利用提供科学依据。

1.2 研究意义

通过对主要海洋产业填海项目的实际调查和资料收集，了解项目基本情况，从而整理和分析出我国主要海洋产业平面布局的特点及影响因素，科学合理地评价单个用海项目集约用海水平，了解产业用海过程中存在的问题，并作出科学的管理决策，以此来提高产业集约用海的认知程度，实现单体用海项目的科学、精确的管理，促进建立海域集约利用的长效机制。

此外，本研究的主要目的是制定海洋产业填海项目控制指标，其含义是指在一定时期内，在特定经济技术和管理水平条件下，控制单个用海项目的主体工程和配套工程额定填海面积的标准，是衡量各类产业用海是否科学、合理和集约的综合指标，是编审海域使用论证报告、区域建设用海规划等文书的重要依据，也是填海造地项目检查、竣工验收的重要内容，对各类产业用海起到规划性、导向性、约束性和控制性的作用。具体来说有以下几个方面。

（1）为国家和地方海洋管理部门制定区域建设用海规划，确定产业用海规模和调整产业结构提供决策依据。各海洋产业填海项目控制指标的确立，为各级海洋管理部门评估本区域用海产业发展水平，合理分配区域内存量海域资源，实现资源优化配置，调整规划布局，制定切实可行的产业用海计划提供了决策依据。

（2）为各省市评估本区域节约集约用海水平提供衡量标准。各省市可按照指标公式计算本区域现有用海产业指标数值，并与全国的对应控制指标进行比较分析，评估本区域产业用海节约集约利用水平。若用海水平低于全国该行业的控制值，则需提高资本密集程度，采用先进生产设备、生产工艺和生产技术，进一步提高海域使用效率，实现该行业的集约型发展。

（3）为沿海地区各级政府引进优质项目、发展优势产业提供参考依据。对于新引进项目，可抽取项目相关数据，按照指标公式分别计算出该项目的若干指标数值，分别与全国该行业相应控制值进行比较分析，作为判断是否引进该项目的重要依据。若高于行业控制值，则应建议该项目进一步整改，在符合条件后允许该项目落户。

（4）为各围填海用海企业节约集约利用好现有土地、获取更大效益提供参考标准。沿海地区各用海企业均可利用各项海洋产业填海项目控制指标进行分析比较，判断本企业产业用海水平，了解企业在行业中所处的位置，正确评估企业的用海效益，有针对性地通过技术改造提高产业用海效率。

1.3 基础理论

本研究以土地经济学相关理论、区位理论、可持续发展理论、海岸带综合管理理论、系统论等基础理论为依据，建立海洋产业填海项目控制指标体系。下面对各理论作简要的介绍。

1.3.1　区位理论

区位理论是关于人类活动的空间分布及其空间中的相互关系的学说。具体而言,它是研究人类经济行为的空间区位选择及空间区内经济活动优化组合的理论。该理论产生于 19 世纪 20—30 年代,其标志是 1826 年德国农业经济和农业地理学家杜能(Thunon, J. H. V.)发表的著作《孤立国同农业和国民经济的关系》(通常简称《孤立国》)(第一卷),该著作是世界上第一部关于区位理论的古典名著。区位理论包括杜能的农业区位论、韦伯的工业区位论、克里斯塔勒(Christaller, W.)的中心地理论和廖什的市场区位论等[①]。杜能的农业区位论指出:农业土地的利用类型和农业土地经营集约化程度,不仅取决于土地的自然特性,而且更重要的是依赖于其经济状况,其中特别取决于它到农产品消费地(市场)的距离。杜能从农业土地利用角度阐述了对农业生产的区位选择问题。工业区位理论的奠基人是德国经济学家阿尔申尔德·韦伯(Weber, A.)。1909 年韦伯的"论工业的区位"的发表,标志着工业区位论的问世。韦伯的工业区位论的核心是:通过运输、劳动力及集聚因素相互关系的分析与计算,找出工业产品生产成本最低的地点作为工业企业的理想区位。中心地理论是由德国著名的地理学家克里斯塔勒提出的。克里斯塔勒吸取杜能、韦伯两区位理论的基本特点,于 1933 年发表了名著《德国南部的中心地方》,提出了"中心地理论",即"城市区位论",发现决定城镇分布的"安排原理"及决定城镇数量、规模和分布的原理,深刻地揭示了城市、中心居民点发展的区域基础登记——规模的空间关系,为城市规划和区域规划提供了重要的方法论依据。[②]

区位理论同时也影响着海洋产业对海域的使用和安排,沿海地区的便利条件和快速的经济发展吸引着更多的人口、产业向沿海地区集中,

[①]　江景波,华楠. 城市土地利用总体规划——方法·模型·应用[M]. 上海:同济大学出版社,1997:12 – 15.

[②]　王家庭,张换兆,季凯文. 中国城市土地集约利用——理论分析与实证研究[M]. 天津:南开大学出版社,2008:50 – 51.

也促使用海企业根据所在区位的人口数量、城市建设和发展趋势来规划设计企业的规模，进而影响着企业的资金投入、建设面积和平面布局。我们应该正确地利用区位理论，以保证海洋产业填海项目对海域资源的高效使用，避免过度或者粗放利用。

1.3.2　地租地价理论

地租理论是与土地集约利用相关的一个重要理论。随着有组织的土地利用和土地所有权的出现就产生了地租。任何社会只要存在着土地所有者和不占有土地的直接生产者，生产者在土地利用中的剩余生产物为土地所有者所占有，就存在着产生地租的经济基础。西方经典的地租理论，可分为古典经济学地租理论、新古典城市地租理论和马克思地租理论。古典经济学地租理论以威廉·配第、亚当·斯密和大卫·李嘉图为代表，前二人认为地租是土地的恩赐，它是土地资本所带来的利息。大卫·李嘉图是古典经济学的最后完成者，他提出了级差地租的概念。新古典城市地租理论兴起于19世纪末，20世纪初的新古典经济学派，以马歇尔、庇古等人为代表。他们对古典经济学地租理论进行了完善，提出地租实际上是一种分配工具，总是把土地分配给出价最高者，即最高租金原则。

地租理论经过威廉·配第、亚当·斯密、大卫·李嘉图等学者的发展，到马克思地租理论的形成，经历了一个相当长的历史时期。马克思认为一切形态的地租都是土地所有权在经济上的实现，并且以土地的所有权与使用权相分离为前提条件。按形成条件和形式的不同，可以把地租分为绝对地租和级差地租。绝对地租是由于所有权的垄断而形成的，级差地租是指那些利用生产条件较好的土地所得到的超额利润。土地是农业生产的基本生产资料，土地质量有好有坏，投资在质量较好的土地上，比投资在质量较差土地上能得到更多的收益。这样，除了使用质量较差土地的用地单位，其他用地单位都可以获得超额利润，这种超额利润就形成了级差地租。土地私有权的存在，使级差地租为土地所有者所有。

级差地租产生的原因是土地面积有限和土地经营垄断。由于土地面积有限，当某些土地经营者占有好地以后，别的土地经营者就不能再占有这些好地。但好地生产的农副产品有限，不能满足社会不断增长的需要，这就要求中等地、劣等地也相继投入利用。为了保证劣地的利用也能获得平均利润，再以确定农产品的社会生产价格为依据。这样，利用优等地的经营者就能得到超额利润。由于土地所有权的存在，使得这个超额利润转化为级差地租。

级差地租产生的条件是优越的自然条件。形成级差地租的条件有三种情况：不同土地肥沃程度的差别；不同土地位置的差别；对同一块土地，连续追加投资的各个生产率的差别。由前两种条件形成的超额利润转化为级差地租Ⅰ，由后一种条件形成的超额利润转化为级差地租Ⅱ。级差地租Ⅰ形态是等量劳动投放在不同等级的等量土地上，因土地肥沃程度和位置不同而形成的超额利润。级差地租第二形态是在同块土地上连续投入等量资本所产生的生产率差别而形成的超额利润。

级差地租Ⅰ与级差地租Ⅱ既有区别，又有联系。这种联系表现为：级差地租Ⅰ是级差地租Ⅱ的基础和出发点。在资本主义初期，级差地租的主要形式是第一形态。那时，可垦荒地较多，生产以手工技术为主，农业经营比较粗放，农业生产的发展主要依靠扩大耕地面积。随着生产发展，土地逐步被利用，扩大耕地面积的可能性越来越小，而社会对农副产品的需求量却越来越大，这就促使农业不断地采用集约化经营方法。同时，科学技术的发展也为集约化经营提供了物质技术条件，从而提高了单位面积产量和劳动生产率，并转化为级差地租Ⅱ。所以，级差地租Ⅱ是由粗放经营转变为集约经营而形成的超额利润。此外，级差地租Ⅱ的形成同样要以土地肥力和位置的差别为前提条件。追加投资能否提供级差地租Ⅱ以及提供多少，要取决于追加投资的土地肥力、位置同劣等土地的差别。

级差地租产生的源泉是劳动者的剩余劳动，而不是自然的恩赐。土地质量的优劣，只是给农业中创造超额利润提供一个自然基础，给投资者带来生产率的差别。按级差地租理论的相关说法，我们可以总结出：

土地本身的土壤肥力的高低以及土地的地理区位的好坏，对土地的劳动生产率高低有重大的影响，从而影响土地的产出。

生产经营者对海域和岸线的投入水平不同，也同样会对海域的生产率产生重大影响。级差地租往往是海域生产率的重要体现，是我们制定海域、海岸线集约利用和海洋产业填海项目控制指标的重要依据，也就是说地租理论与制定控制指标有着密切的关系，对海域、海岸线集约利用有重要的指导意义。

1.3.3　可持续发展理论

"可持续发展"的概念最先在 1972 年于斯德哥尔摩举行的联合国人类环境研讨会上正式提出，旨在界定人类在缔造一个健康和富有生机的环境上所享有的权利。自此以后，各国致力于界定"可持续发展"的定义，拟出的定义有几百个之多，侧重点各不相同，涵盖范围包括国际、区域、地方及特定界面，涉及自然、社会、生态、经济、环境、资源、人口等诸多方面。1987 年，挪威首相布伦特兰夫人在《我们共同的未来》的报告中，将可持续发展定义为："既能满足当代人的需要，又不对后代人满足其需要的能力构成危害的发展。"

可持续发展要处理好经济发展与环境保护的关系，其核心与重点在于经济发展，但要求在严格控制人口数量、提高人口素质和保护环境、资源永续利用的前提下进行经济和社会的发展。将可持续发展理论应用于海洋环境，要求达到三个条件：①海洋生物资源利用率小于或等于海洋生物资源更新率，确保海洋生物资源的消耗量少于海洋生物资源的增加量，二者的代数和保证海洋生物资源的该变量呈正向；②海区废物入海量小于或等于海区环境容量，保证海洋污染的速率小于或等于海洋自净的速率，确保海洋水质不被破坏；③沿海地区人口规模小于或等于沿海地区和海洋生态承载能力。人口数量的增加，会带来资源消耗量的加大，同时使环境污染程度加剧，要想保证海洋经济的持续发展能力，就要确保人口规模保持在海洋和环境承载程度内。

制定海洋产业填海项目控制指标，必须考虑到海域和海岸线资源的可持续利用。要在集约利用的前提下，考虑海域和海岸线资源的承载能力，要以可持续发展为限制条件。

1.3.4 海岸带综合管理理论

鹿守本对海洋综合管理给出了如下定义：海洋综合管理是海洋管理范畴的高层次管理形态。它以国家海洋整体利益和海洋可持续发展作为目标，通过制定实施管理战略、政策、规划、区划、立法、执法、协调以及行政监督检查等行为，对国家管辖海域的空间、资源、环境、权益及其开发利用和保护，在统一管理和分部门、分级别管理的体制下，实施统筹协调管理，达到提高海洋开发利用的系统功效、海洋经济的协调发展、保护海洋生态环境和国家海洋权益的目的。

海洋综合管理强调的是"综合"，即用综合观点、综合方法对海岸带的资源、生态、环境的开发和保护进行管理的过程。具体包括部门间的综合、政府间的综合、区域的综合、科学的综合以及发展与保护的综合。

综合管理部门对涉及海洋资源环境的开发和保护的各个部门进行统一管理和协调，确保各个部门相互协调，相互配合，明确侧重和辅助部分，共同促进海洋开发目标的实现。中央政府和地方政府在海岸带的开发和保护方面要做好协调和配合工作，中央政府确定了发展、管理的目标，地方政府将上级指令与地方具体情况相结合，做到既满足上级安排又符合地方实践的海洋综合管理。近海经济包含陆域经济与海洋经济，海洋综合管理要综合陆域与海域两个区域的发展，确保其相互协调、相互促进的关系，共同推动经济的整体发展。海洋综合管理涉及各个学科的内容，需要各个相关学科的共同作用和共同影响，要科学合理设定各个学科的地位，同时也要综合科学家与管理人员。

海洋拥有丰富的资源，是未来经济发展的重要着力区域和支撑区域。只发展经济，不保护环境，会破坏海岸带的生态环境，造成资源的萎缩，经济发展受到反噬，不利于经济的长远持续性发展；只保护环境，不发展经济，会造成资源的浪费，在各个国家加快发展经济的时刻，不利于国家综合国力的提升。因而，海洋综合管理必须做到综合发展与保护，协调两者的关系，做到适度的发展与保护，从而既促进经济发展，又保护环境基础不受破坏。

海洋综合管理的主体是政府，政府在海洋综合管理的过程中占主导地位。一方面，海洋综合管理中的费用由政府提供；另一方面，海洋综合管理中的法律、法规、方针、政策等由政府的相关部门制定。海洋综合管理是一个动态性、连续性的过程，主要表现在三个方面：①海洋自然系统等外部条件，即资源、环境、生态等的改变处在不断变化之中；②海洋社会系统，即海岸带城市、经济、社会、人口子系统等的需求处在不断变化之中；③气候的长期变化导致的海洋资源、环境及人类开发活动带来的影响处在不断变化之中。

制定海洋产业填海项目控制指标，是海岸带综合高效管理的必要环节，明确海岸带综合管理的内涵、特征和要求，有利于海洋产业填海项目适应国家和政府部门管理的要求。

1.3.5　系统论

系统是普遍存在的，系统论是研究自然、社会和人类思维领域以及其他各种系统、系统原理、系统联系和系统发展的一般规律的学科。贝塔朗菲将系统论译为 System Approach，既代表观点、概念、模型，又表示数学方法，用以表明系统论这门学科的性质，即既是系统方法的基本原则，又具有方法论的含义。

系统论的核心思想是系统的整体观念。贝塔朗菲强调，任何系统都是一个有机的整体，它不是各个部分的机械组合或简单相加，系统的整体功能是各要素在孤立状态下所没有的性质。系统论要求从整体出发来研究系统整体和组成系统整体的各要素之间的关系，以把握系统的整体性，达到最优化目标。其基本思想是将所研究和处理的对象当做一个系统，分析系统的结构和功能，研究系统、要素、环境三者的相互关系和变动的规律性。

系统论方法要求满足如下几项基本原则。

(1)整体性和综合性原则。整体性原则和综合性原则要求人们在研究问题时，要牢固树立全局和整体观念，要从大的方面着眼，将研究对象看做一个有机整体，分析整体的构成部分和构成要素以及各个要素之间的相互关系和影响，得出整体的各个组成部分的功能与整体功能的关系以及要素如何安排有利于整体功能的最优发挥。

（2）联系性原则。系统论中的联系性包括两个层面的含义：①系统内部因素与外部因素的联系和制约；②系统中的各个组成要素之间的联系和制约。哲学上说，一种事物总是存在于某种系统中，是该系统的一个要素。任何系统都是较高级系统的组成要素，同时任何一个系统又有低一级的系统作为其要素。任何事物与系统总是相互联系和制约着的，系统中的各个要素也是相互联系和影响的。系统的结构决定系统的功能，结构又取决于系统中各个要素的作用方式，系统中要素的联系和制约关系发生改变会影响系统整体功能的变化。

（3）动态平衡性。任何系统都不是绝对的、封闭的和静止的，它总是存在于特定的环境之中，与外界进行着能量、物质、信息的交换，受到外界的影响，同时也作用于外部环境，是一个相对的、开放的、动态的概念，同时，任何系统都在作用和被作用的过程中保持自身的稳定和平衡。

海洋产业填海项目集约利用海域和海岸线资源的影响因素来自多方面，共同组成了一个复杂的系统，对该系统进行控制需要充分利用系统论的相关成果，抽丝剥茧，环环相扣，将原本纷繁复杂的因素转化成层次分明、逻辑清晰的体系。

1.4　研究方法

用海企业千差万别、复杂多样且影响海域使用面积的因素众多，海洋产业填海项目控制指标体系是否全面、科学、适宜，直接关系到集约用海水平和各用海企业的良好运行。因此，以有效合理控制为原则，在确定产业填海项目控制指标时，为了适应不同产业、不同类型建设用地需求和产业发展规律，可依据产业特点和管理要求，将围填用海产业划分为五种主要类型：港口工程用海、船舶工业用海、石化工业用海、电力工业用海和其他工业用海(包括水产品加工厂、钢铁厂及海上各类工厂等填海造地项目)。继而根据各产业的实际情况，以土地经济学相关理论、区位理论、可持续发展理论、海岸带综合管理理论、系统论为理论依据，以国家土地管理法、国家海域使用管理条例、围填海计划、海域使用论证、国家和地方有关海域使用的技术规范和标准为技术依据，参照各省市建设用地集约利用控制标准和工业发展用地指南中的相关指标，初步建立综合反映各产业用海总体水平的控制指标体系。

2012年底，我们选取中国从北到南产业用海水平较高的沿海省市开展调查研究，并对在港口工程等五种产业方面具有代表性的用海企业着重进行了现场调查，认清各类产业用海中具有代表性的用海区块，判别分析构成和影响各产业用海面积的显著因子，并听取企业相关专业人员对海洋产业填海项目控制指标的意见及建议，从中发现产业用海存在的新问题，以进行指标体系的优化。

根据初步建立的海洋产业填海项目控制指标来确定调查的主要内容，主要包括以下几点：

(1)各产业用海项目基本信息和海域利用情况及相关数据(现状数据)；

(2)企业的主要经营活动、生产的主要产品及相关数据(2009—2011)；

(3)企业厂区的建设和主要布置情况及相关数据(现状数据)；

(4)收集能反映企业用地和用海情况的图、表和报告等资料。

从收集资料中提取控制指标所涉及的相关数据，并对其进行测算，以确定指标控制值，为相关行业和部门进行海域使用和管理提供参考服务。

海洋产业填海项目控制指标构建及集约水平评价研究的工作过程如图1.4－1所示。

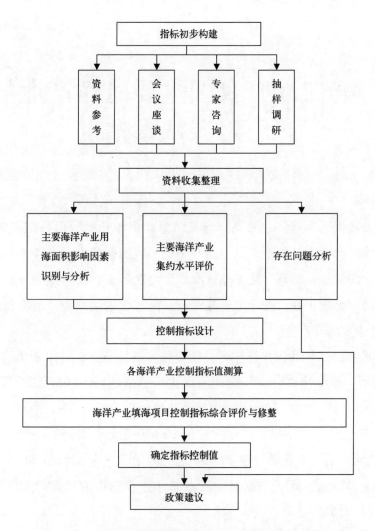

图 1.4 - 1　海洋产业填海项目控制指标构建及集约评价过程

第二章 我国主要海洋产业用海基本情况

随着我国海洋经济总量高速增长,海洋资源开发利用范围不断扩大,海洋产业的类型也日趋增多,目前我国已形成海洋渔业、海洋油气业、海洋矿业、海洋盐业、海洋化工业、海洋生物医药业、海洋电力业、海水利用业、海洋船舶工业、海洋工程建筑业、海洋交通运输业、滨海旅游业共计12个主要海洋产业。

2008—2012年我国海洋生产总值呈稳步增长态势,具体变化情况如图2-1所示。据统计,2012年全国海洋生产总值达到50 087亿元,比上年增长7.9%,海洋生产总值占国内生产总值的9.6%。其中,海洋产业增加值29 397亿元,海洋相关产业增加值20 690亿元,海洋第一产业增加值2 683亿元,第二产业增加值22 982亿元,第三产业增加值24 422亿元,海洋第一、第二、第三产业增加值占海洋生产总值的比重分别为5.3%、45.9%和48.8%[1]。

2012年,我国主要海洋产业增加值达到20 575亿元,比上年增长6.2%,其中,滨海旅游业和海洋交通运输业增加值在各产业中表现最为突出,分别为6972亿元和4802亿元;而海洋油气业、海洋盐业、海洋船舶工业增加值与前一年相比为负增长。2012年我国主要海洋产业增加值具体情况见表2-1。

---

[1] 国家海洋局.《2012年海域使用管理公报》. 国家海洋局网站.

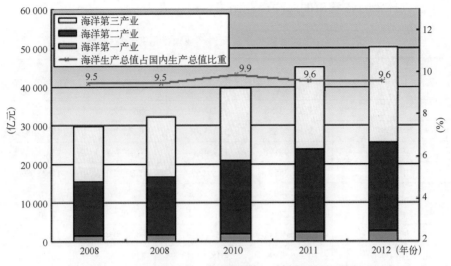

图2-1　2008—2012年全国海洋生产总值变化情况

表2-1　2012年我国主要海洋产业增加值统计表

主要海洋产业	增加值(亿元)	增速(%)
海洋渔业	3652	6.4
海洋油气业	1570	-8.7
海洋矿业	61	17.9
海洋盐业	74	-7.3
海洋化工业	784	17.4
海洋生物医药业	172	13.8
海洋电力业	70	14.3
海水利用业	11	4.0
海洋船舶工业	1331	-1.1
海洋工程建筑业	1075	12.7
海洋交通运输业	4802	6.5
滨海旅游业	6972	9.5

　　其中，涉及填海的主要海洋产业类型主要包括港口工程用海以及电力、船舶、石化等工业用海。根据国家海域动态监视监测管理系统的统计数据，沿海各省市主要的海洋产业项目用海情况为：辽宁、山东和浙江以港口工程和船舶工业为主，河北和海南以港口工程为主，天津、江苏、福建和广西以港口工程和电力工业为主，上海和广东以港口工程和石化工业

为主。具体沿海各省市的海洋产业用海情况见表2-2。

表2-2 沿海各省市主要海洋产业项目用海面积统计

省 份	用海面积(公顷)			
	港口工程	电力工业	船舶工业	石化工业
辽 宁	11 434.0438	862.4630	3566.1253	220.1144
河 北	6516.1285	336.3706	389.8960	172.2653
天 津	2938.9819	755.4639	516.7757	258.6523
山 东	8925.3550	1029.8539	1701.8216	126.1682
江 苏	3742.4493	1718.176	0.9900	0
上 海	1053.2736	347.4942	0	0
浙 江	12 664.2982	1351.5817	3886.2030	170.1669
福 建	10 316.0596	3018.8171	817.5568	262.4768
广 东	7626.5053	1456.8594	221.6014	496.1393
广 西	1708.2789	704.8502	25.1730	54.6884
海 南	2415.5628	4.6735	0.1860	28.538
合 计	69 340.9369	11 586.6035	11 126.3288	1789.2096

下面对我国港口工程、电力工业、船舶工业、石化工业和其他工业等主要海洋产业用海情况进行介绍。

2.1 港口工程

港口用海指供船舶停靠、进行装卸作业、避风和调动等所使用的海域，包括港口码头(含开敞式的货运和客运码头)、引桥、平台、港池(含开敞式码头前沿船舶靠泊和回旋水域)、堤坝及堆场等所使用的海域。

2.1.1 港口产业发展现状

近年来，我国沿海港口实现了跨越式发展，基本建成了布局合理、层次分明、功能齐全、河海兼顾、优势互补、配套设施完善的现代化港口体系，形成了环渤海、长江三角洲、东南沿海、珠江三角洲和西南沿海五个港口群，构建了油、煤、矿、箱、粮五大专业化港口运输系统，具备靠泊装卸 30 万吨级散货船、44 万吨油轮和 1 万标准箱集装箱船的能力①。

据《2012 年公路水路交通运输行业发展统计公报》统计，2012 年我国沿海港口完成货物吞吐量 68.8 亿吨，完成外贸货物吞吐量 30.56 亿吨，全国沿海货物吞吐量超过亿吨的港口 19 个(见表 2.1.1 – 1)。完成集装箱吞吐量 1.77 亿标准集装箱，集装箱吞吐量超过 100 万标准集装箱的港口达 18 个(见表 2.1.1 – 2)②。

表 2.1.1 – 1　货物吞吐量超过亿吨的港口　　　　(单位：亿吨)

序号	港口	货物吞吐量	序号	港口	货物吞吐量
1	宁波 – 舟山港	7.44	11	深圳港	2.28
2	上海港	6.37	12	烟台港	2.03
3	天津港	4.77	13	北部湾港	1.74
4	广州港	4.35	14	连云港港	1.74
5	青岛港	4.07	15	厦门港	1.72
6	大连港	3.74	16	湛江港	1.71
7	唐山港	3.65	17	黄骅港	1.26
8	营口港	3.01	18	福州港	1.14
9	日照港	2.81	19	泉州港	1.04
10	秦皇岛港	2.71			

表 2.1.1 – 2　集装箱吞吐量超过 100 万标准集装箱的港口

(单位：万标准集装箱)

序号	港口	集装箱吞吐量	序号	港口	集装箱吞吐量
1	上海港	3252.94	10	营口港	485.10
2	深圳港	2294.13	11	烟台港	185.05
3	宁波 – 舟山港	1617.48	12	福州港	182.50
4	广州港	1454.74	13	日照港	174.92
5	青岛港	1450.27	14	泉州港	169.70
6	天津港	1230.31	15	丹东港	125.05
7	大连港	806.43	16	汕头港	125.02
8	厦门港	720.17	17	虎门港	110.36
9	连云港港	502.01	18	海口港	100.01

① 栾维新.《全国海洋功能区划(2010—2011 年)》专题报告四[M]. 北京：海洋出版社，2013.
② 交通运输部综合规划司.2012 年公路水路交通运输行业发展统计公报[Z]. 中华人民共和国交通运输部网站.

2.1.2 港口用海现状

根据国家海域动态监视监测管理系统的统计数据，1997—2013年，全国港口用海共发放海域使用权证书3039宗，确权用海项目2722个，确权海域面积69 340.9369公顷，征收海域使用金144.8214亿元。我国港口产业起步较晚，但是发展很快，确权港口用海的项目数量和海域面积逐年递增，特别是自2000年后，增长迅猛。1997—2013年，我国港口用海项目确权情况如图2.1.2-1和图2.1.2-2所示。

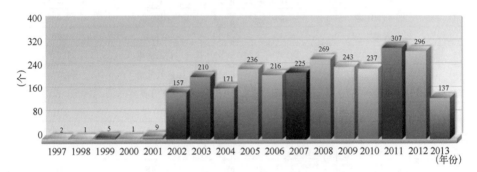

图2.1.2-1 全国港口用海项目确权数量统计

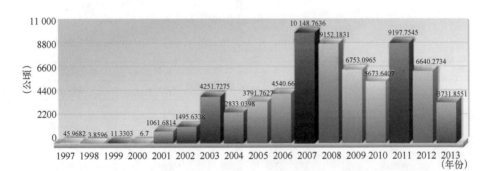

图2.1.2-2 全国港口用海项目确权海域面积统计

港口产业主要集中在辽宁、山东、浙江、福建和广东省等地区，其中浙江省为港口产业最发达的地区，港口用海项目974个，占全国港口用海项目总数的1/3，确权海域面积12 664.2982公顷。各沿海省市港口用海项目确权情况如图2.1.2-3和图2.1.2-4所示。

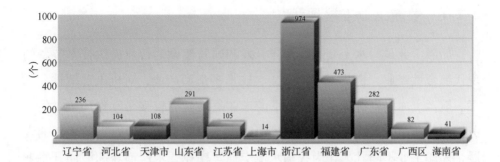

图2.1.2-3 全国各沿海省市港口用海项目确权数量统计

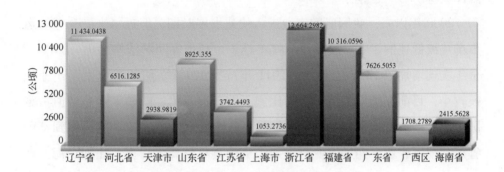

图2.1.2-4 全国各沿海省市港口用海项目确权海域面积统计

2.2 船舶工业

船舶工业是指以金属或非金属为主要材料,制造海洋船舶、海上固定和浮动装置以及对海洋船舶的修理及拆卸活动。船舶工业用海指船舶(含渔船)制造、修理、拆卸等所使用的海域,包括船厂的厂区、码头、引桥、平台、船坞、滑道、堤坝、港池(含开敞式码头前沿船舶靠泊和回旋水域,船坞、滑道等的前沿水域)及其他设施等所使用的海域。

船舶种类繁多,且在船型、构造、运用性能和设备上又各有特点。根据调研情况,我们将船舶工业的类型划分为造船和修船两类。

2.2.1　船舶工业发展现状

船舶工业是为水上交通、海洋开发和国防建设等行业提供技术装备的现代综合性产业，也是劳动、资金、技术密集型产业，对机电、钢铁、化工、航运、海洋资源勘采等上、下游产业发展具有较强带动作用，对促进劳动力就业、发展出口贸易和保障海防安全意义重大。经过近几十年的发展，船舶工业不断壮大，为我国水上交通运输业、水产渔业和海洋开发业等多个行业做出了直接的贡献，在我国国民经济中的地位不断提高，其对国民经济的影响也越来越大。

2000 年以来，我国船舶工业进入快速发展时期，但近年来受全球航运市场持续低迷的影响，交船难、接单难、盈利难等问题依然突出。2012 年全年实现增加值 1331 亿元，比 2011 年减少 1.1%。船舶工业由于产业规模较小，目前在国民经济中占的比例不大。近几年，船舶工业总产值占全国工业总产值的比例仅为 0.4% 左右，总体贡献还不突出。但具体到某些省市、地区来说，船舶工业对当地经济的贡献就要大得多。比如上海、江苏、福建、广东、辽宁等省市船舶工业产值和出口额在各自省市工业总产值及出口额中的比例要明显高于全国平均水平。

目前，我国已形成三个大型造船基地的格局，即：以大连、青岛为主的环渤海地区，以上海、南通为主的长江三口地区，以广州为主的珠江口地区。据统计资料显示，2009 年三大造船基地的造船指标占全国比重均超过 90%，特别是长江口地区，其造船规模占全国的近七成，我国船舶工业形成"两个龙头企业"和"三个生产基地"的发展格局①。

2.2.2　船舶工业用海现状

随着国家《船舶工业调整和振兴规划》的实施，海洋船舶工业保持平稳发展。根据国家海域动态监视监测管理系统的统计数据，目前，我国船舶工业用海共发放海域使用权证书 803 宗，确权用海项目 715 个，确权海域

---

① 栾维新.《全国海洋功能区划(2010—2011 年)》专题报告四[M]. 北京：海洋出版社，2013.

面积 11 126.3288 公顷，征收海域使用金 25.7466 亿元。我国船舶工业自 2001 年起发展迅速，确权项目数量和海域面积逐年递增，2008 年达到顶峰，但从 2009 年开始，造船市场出现停滞状态，造船业显现能力过剩，项目用海数量及确权用海面积逐年下降。船舶工业用海项目确权情况如图 2.2.2-1 和图 2.2.2-2 所示。

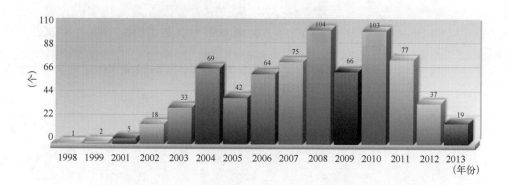

图 2.2.2-1　全国船舶工业用海项目确权数量统计

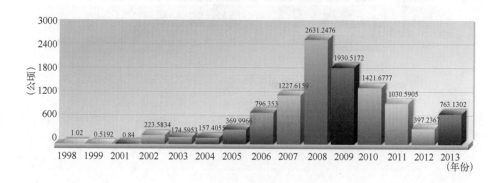

图 2.2.2-2　全国船舶工业用海项目确权海域面积统计

由图 2.2.2-3 和图 2.2.2-4 可以看出，船舶工业发达地区主要集中在辽宁和浙江两省，其中辽宁省船舶工业用海项目 81 个，确权海域面积 3566.1253 公顷；浙江省用海项目 367 个，确权海域面积 3886.203 公顷。两省确权用海面积之和占全国船舶工业用海总面积的 2/3。

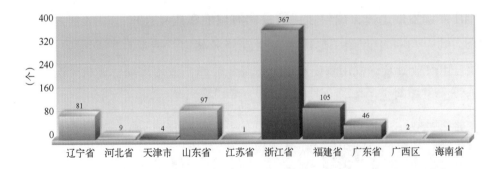

图2.2.2-3 全国各沿海省市船舶工业用海项目确权数量统计

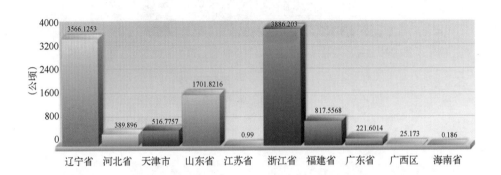

图2.2.2-4 全国各沿海省市船舶工业用海项目确权海域面积统计

2.3 电力工业

电力工业用海指电力生产所使用的海域,包括电厂、核电站、风电场、潮汐及波浪发电站等的厂区、码头、引桥、平台、港池(含开敞式码头前沿船舶靠泊和回旋水域)、堤坝、风机座墩和塔架、水下发电设施、取排水口、蓄水池、沉淀池及温排水区等所使用的海域。

电厂类型按使用能源可划分为火力发电厂、核能发电厂、风力发电场、水力发电厂、潮汐发电厂、太阳能发电厂等。

2.3.1 电力工业发展现状

电力工业是国民经济发展中最重要的基础能源产业,是国民经济的第一基础产业和重要的公用事业,是世界各国经济发展战略中的优先发展重点。近年来,随着城市化和工业化的推进,经济社会发展对电力的依赖程度越来越高,它不仅是关系国家经济安全的战略大问题,而且与人们的日常生活、社会稳定密切相关。从规模上看,我国已经成为世界电力生产与消费大国,年发电量位居世界第二位。我国正处于工业化和城市化并行发展阶段,电力需求在未来较长时期仍有大幅度增长空间。

2012 年,我国全社会用电量累计达 49 591 亿千瓦时,同比增长 5.5%,其中:第一产业 1013 亿千瓦时,第二产业 36 669 亿千瓦时,第三产业 5690 亿千瓦时,城乡居民生活 6219 亿千瓦时。截至 2012 年底,全口径发电装机容量 11.44 亿千瓦,其中,水电 2.49 亿千瓦,火电 8.19 亿千瓦,核电 1257 万千瓦,风电 6237 万千瓦。全年发电新增设备容量 8700 万千瓦,其中,水电 1900 万千瓦,火电 5100 万千瓦,风电 1537 万千瓦。全年 6000 千瓦及以上电厂发电设备累计平均利用小时为 4572 小时,其中,水电 3555 小时、火电 4965 小时、核电 7838 小时。

目前,在我国的电力结构当中,燃煤机组约占 75%,对环境保护、电力发展的压力比较大。今后应着力提高可再生能源、清洁能源和新能源在整个电力装机当中所占的比例。在优化火电的同时,加快发展水电,积极发展核电,大力发展可再生能源。

2.3.2 电力工业用海现状

根据国家海域动态监视监测管理系统的统计数据,从 2001—2013 年,我国电力工业用海共发放海域使用权证书 249 宗,确权用海项目 173 个,确权海域面积 11 586.6035 公顷,征收海域使用金 12.1493 亿元。2001—2013 年(不含 2012 年),我国电力工业用海项目确权情况如图 2.3.2 – 1 和图 2.3.2 – 2 所示。

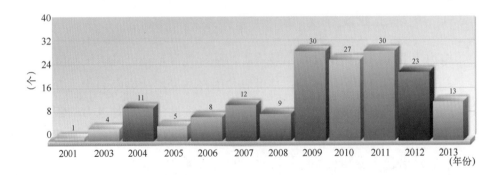

图 2.3.2-1　全国电力工业用海项目确权数量统计

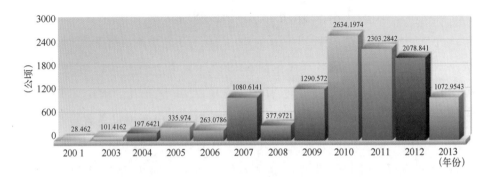

图 2.3.2-2　全国电力工业用海项目确权海域面积统计

由图 2.3.2-3 和图 2.3.2-4 可以看出，我国电力工业主要集中在山东、江苏、浙江、福建和广东五省。其中：山东省电力工业确权用海项目最多，达 36 个，约占全国 1/6；福建省确权用海面积最大为 3018.8171 公顷，占全国确权电力工业用海总面积的 1/4。

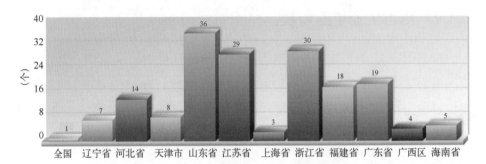

图 2.3.2-3　全国各沿海省市电力工业用海项目确权数量统计

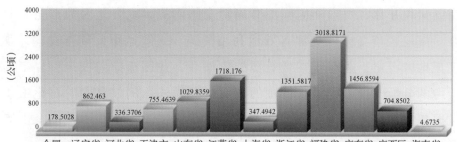

图2.3.2-4　全国各沿海省市港口用海项目确权海域面积统计

2.4　石化工业

石化工业用海指石油石化、化工生产所使用的海域，包括石化厂的厂区、罐区、码头、引桥、平台、堤坝、港池（含开敞式码头前沿船舶靠泊和回旋水域）及其他设施等所使用的海域。

石化厂区是指由工艺装置、辅助生产设施、公用工程设施、仓储设施、运输设施和生产管理及生活服务设施等组成的区域，主要由工艺装置区、储运区、辅助设施和通道五大区域组成。

2.4.1　石化工业发展现状

石化工业是指以石油和天然气为原料，生产石油产品和石油化工产品的加工工业，它包括石油石化和化工两个部分。中国石化工业占工业经济总量的20%，因而对国民经济非常重要。2012年，石化工业产值12.24万亿元，同比增长12.2%，占全国规模工业总产值的13.3%；完成固定资产投资1.76万亿元，同比增长23.1%；进出口总额6375.9亿美元，同比增长5.1%，占全国进出口总额的16.5%。

随着我国原油进口量的不断增加，原油进口贸易对我国石化工业布局的影响日益显现，沿海港口成为我国进口原油和石化产品的交割地和集散地，也成为石化工业布局的重点。通过对我国石化工业区位演化特征分析表明：我国石化工业分布呈现大尺度空间分散与区域内空间集聚并存，由内陆向临港布局转变的趋势。主要是因为石化工业在沿海地区布局可以更加有效地利用资源、缩短运距、节省成本，改变该地区石化工业对于本地资源的依赖性，并逐渐导向根据世界市场资源的分配、以市场需求为主的产业生产模式，例如日本的石化工业主要集中在关西地区和东部地区；美国石化工业主要集中在旧金山湾和东北部五大湖地区等。

目前，我国已经形成了广东"惠州—广州—珠海—茂名—湛江"沿海临港石化产业带、"上海—南京—浙江"等长三角临港化工产业区以及"大连—青岛—天津—沧州"等环渤海地区三个最为集中的临港化工产业中心。这三大地区是我国石化工业基础最为雄厚、发展前景最广阔的地区，是构成沿海石化产业带的主体。

2.4.2 石化工业用海现状

根据国家海域动态监视监测管理系统的统计数据，目前我国石化工业用海共发放海域使用权证书 77 宗，确权用海项目 62 个，确权海域面积 1789.2096 公顷，征收海域使用金 7.8392 亿元。自 2002 年至 2013 年，我国石化工业发展趋势较为平稳，具体石化工业用海项目确权情况如图 2.4.2－1和图 2.4.2－2 所示。

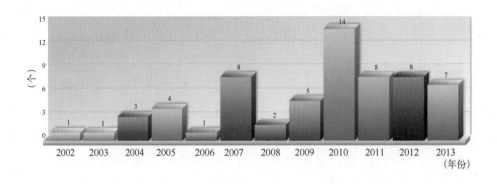

图 2.4.2－1　全国石化工业用海项目确权数量统计

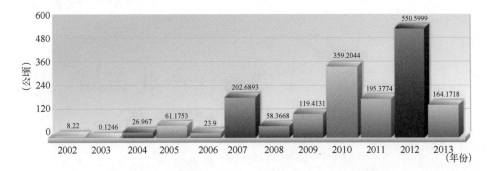

图2.4.2-2 全国石化工业用海项目确权海域面积统计

　　石化工业在我国沿海各省分布较为均匀，各省用海项目数量差距不大。其中石化工业较为发达的省市为天津市、福建省和广东省。项目数量最多的为浙江省，确权石化工业用海项目15个；用海面积最大的为广东省，项目确权用海面积469.1393公顷。各省石化工业用海项目确权情况如图2.4.2-3和图2.4.2-4所示。

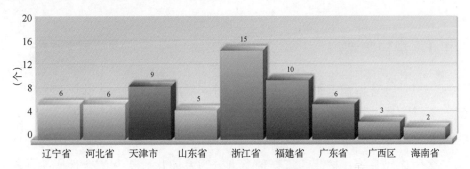

图2.4.2-3 全国各沿海省市石化工业用海项目确权数量统计

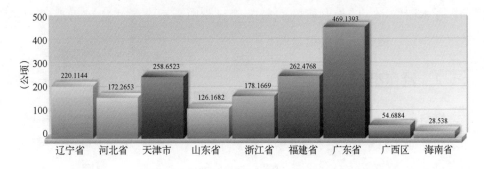

图2.4.2-4 全国各沿海省市石化工业用海项目确权海域面积统计

第三章 主要海洋产业布局特点及影响因素分析

本章通过对港口工程、船舶工业、电力工业、石化工业和其他工业等产业用海项目的类型和功能分区等特点进行阐述，从中总结出影响项目各区块面积和占用岸线的因素，以此对典型用海项目的平面布局进行分析。

3.1 港口工程

3.1.1 港口类型

港口是综合运输的枢纽，是沿海经济发展的重要依托。港口码头的分类有多种方式，按用途可分为客运、货运、军用、修造船码头等，其中货运码头又可分为件杂货码头、散货码头、油码头、滚装码头、集装箱码头、多用途码头等；按装卸货物种类可分为专业化码头和综合性码头；按平面布置形式又可分为顺岸式、突堤式和挖入式。

在本研究中，我们调研的交通运输行业用海重点关注货运码头（集装箱、件杂货、散杂货及多用途码头）。

3.1.2 港口组成

港口包括水域和陆域两大部分，水域主要是指港池、锚地和航道，陆域包括码头（码头前沿）、堆场（货场、仓库）、道路、辅建区（生产生活用辅助型建筑及设施）。典型的港口组成如图 3.1.2 - 1 和图 3.1.2 - 2 所示。

图 3.1.2-1 港口组成(大连港)

图 3.1.2-2 港口陆域组成(某港口效果图)

3.1.3 港口工程陆域各区块面积及占用岸线的影响因素

港口的主要用地区块包括堆场、道路、辅建区等，码头泊位是占用岸线的主要用海方式。港口吞吐能力、货物种类、货物堆存方式影响堆场面积大小，货物种类、车辆类型、货物周转率影响道路宽度设计，港区总体规模产能、港区前沿水深自然条件等决定了岸线的占用情况。港区各功能区块作用及面积和岸线占用影响因素见表3.1.3－1。

表 3.1.3－1　港口各功能区块用地面积及占用岸线影响因素

主要用地（海）区块	作用	影响因素	典型现场照片
1. 码头及前沿	停泊、货物装卸、货物输运	岸线长度、水深、港机数量及装卸能力、货物吞吐能力 港区总体规模产能、港区前沿水深自然条件等决定了岸线的占用情况	
2. 堆场	货物存放	陆域纵深、吞吐量、货物种类、货物周转期限	
3. 道路	运输	车辆车型、港口总规模、内部平面布置	
4. 辅建区	行政办公	港口总规模、总职工数	

港口的总体规模和用海集约程度之间要做到四个方面的匹配：①港口水深条件要和港口停靠船舶吨位匹配，做到深水深用，充分发挥深水岸线资源效用；②船舶吨位、码头长度要和码头前沿机组装卸能力相匹配；③装卸运输中转能力要匹配适当的堆场面积；④港口总体吞吐能力要和后方腹地需求相匹配。

3.1.4　典型用海项目平面布局分析

通过典型用海项目，对港口平面布局、各区块面积及占用岸线情况做简要的分析。

港口工程项目在平面布置上都比较科学合理，且功能分区明确。但是，在集约用海用地方面还是存在着一些问题，主要包括以下几个方面：项目多设有预留地，且部分企业预留地占地率比较高；部分项目堆场利用效率较低；道路、停车场等配套功能占地比率比较大；部分港口在建设时，填海的平面设计不合理，多采用顺岸式填海，填海造地后没有增加新岸线。

3.1.4.1　北方某港区通用杂货泊位

1）项目基本情况

该工程项目总投资 96 600 万元，建设规模定为 1 个 7 万吨级（10 号）和 2 个 5 万吨级（8 号、9 号）通用杂货泊位（见图 3.1.4.1－1），同时预留 1 个 7 万吨级通用杂货泊位，主要接卸钢铁、粮食、木材和其他件杂货，年吞吐量为 350 万吨/年，项目总产值 6300 万元。

2）项目用海及平面布置情况

项目用海面积 152.08 公顷，其中填海 75 公顷，其余为港池用海。此外，本项目征用林地面积约 20 公顷，原港区约 36 公顷，本项目规划总用地面积为 131 公顷。港区陆域纵深为 1230 米，占用岸线总长度为 1100 米，新形成岸线 911 米。码头前沿线后方 30 米为前方作业地带（图 3.1.4.1－2），库场区（见图 3.1.4.1－3）纵深 480 米，堆场面积为 22.8 公顷。港内道路按网格状布置，主干道宽 30 米，次干道宽 15 米，道路面积为 6.6 公顷。具体用地面积见表 3.1.4.1－1。

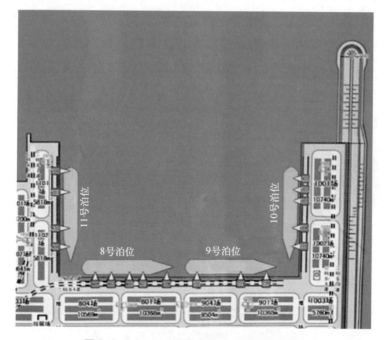

图 3.1.4.1 - 1　通用杂货泊位工程平面图

表 3.1.4.1 - 1　通用杂货泊位工程用地情况

序号	用地指标	面积（公顷）
1	厂房及配套用地	57.5
2	行政办公及生活服务设施用地	7.1
3	露天堆场、露天操作场地	22.8
4	道路、停车场	21.1
5	其他用地	21.1
	合计	129.6

3）平面布局及用海集约情况分析

从工程平面图（图 3.1.4.1 - 1）和现场照片（图 3.1.4.1 - 2 至图 3.1.4.1 - 4）可以看出，港区内功能分区明确，各区块布局紧凑，海域利用效率达 66.72%，利用效率较高。除此之外，港区内没有空置地带，露天堆场及库厂区得到充分利用，集约用海用地程度较高。但是，项目占用岸线长 1100 米，填海造地后新形成岸线仅为 911 米，岸线利用效率小于 1，过低。

项目泊位主要接卸钢铁、粮食、木材和其他件杂货，堆场面积为 22.8 公顷，占陆域总面积的 17.54%，堆场容量为 25.5 万吨，单位面积堆存量 1.12 万吨/公顷。项目设计吞吐量为 280 万吨，其中钢材 100 万吨、粮食 80 万吨、木材 80 万吨、其他杂货 20 万吨，单位岸线吞吐能力为 3841 吨/米。

图 3.1.4.1-2 码头前方作业地带

图 3.1.4.1-3 5 万吨级泊位

图 3.1.4.1-4 库场区

3.1.4.2 北方某港区港作船泊位工程

1)项目基本情况

该工程项目总投资 5956.44 万元,包括码头主体、直立岸壁、陆域形成、港池泊位疏浚、生产辅助建筑以及水、电、消防等其他配套工程。

2)项目用海及平面布置情况

本项目用海总面积为 4.310 公顷,其中填海面积 1.796 公顷,码头新形成岸线 300 米。为满足港作船的日常需要,码头后方建设有管理房、供油供水区、机械维修区和器械堆存区各一处,其面积分别为 500 平方米、1800 平方米、1200 平方米和 1800 平方米。项目平面布置如图 3.1.4.2-1 所示。

3)平面布局及用海集约情况分析

此港是集约利用岸线的典型企业,南作业区采用岛式填海建设,避免损坏自然岸线的同时,增加生产岸线长度,建设有 13 个泊位,实现了稀缺岸线资源的高效集约利用。本项目港作船泊位长度为 300 米,其中只需 240 米就可满足现有 5~6 艘港作拖轮的靠泊需要,但企业认为随着港口发展,还需增加专用消防船、环保船、交通艇等港作船。虽然暂时在发展数量上还不能完全确定,但应对其发展考虑一定预留岸线,综合考虑按 10 艘港作船靠泊计算,泊位长度确定为 300 米。

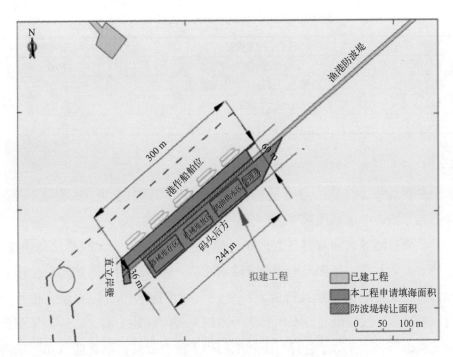

图 3.1.4.2-1 某港区港作船泊位工程平面布置图

3.1.4.3 南方某港区五期集装箱码头工程

1）项目基本情况

该工程总投资为 386 236 万元，建设专业化的 5 万~10 万吨级全集装箱泊位 4 个，10 万吨级集装箱专用泊位岸线长 1325 米（其中 9 号泊位需减载或竣深、10 号泊位减载），年设计吞吐能力 172.96 万标准集装箱。

2）项目用海及平面布置情况

项目用海面积 72.81 公顷，其中建设填海造地 9.73 公顷，港池 52.29 公顷，透水构筑物 10.79 公顷；占用岸线总长度 1625 米，陆域占地总面积 111.04 公顷，项目具体用地情况见表 3.1.4.3-1。8~9 号泊位为栈桥式布置，码头长 625 米，宽 55 米；10~11 号泊位为满堂式布置，码头长 700 米，宽 41.5 米。8~9 号泊位与 10~11 号泊位两者前沿线夹角为 164.42°。

表 3.1.4.3 – 1　集装箱码头工程用地情况

序号	用地指标	面积(公顷)
1	生产生活辅助建筑物	7.68
2	堆场(包括跑道、车道面积)	63.08
3	道路	21.73
	合计	92.49

3)平面布局及用海集约情况分析

从现场照片(见图 3.1.4.3 – 1)可以看出,港区内功能分区明确,各区块布局紧凑,海域利用效率达 64%,利用效率较高。

该项目港区北面有群岛为天然屏障,所以建设码头无需修建防浪堤,投资省、效益高,且深水岸线后方陆域宽阔。此外,项目与该港总体规划相协调,充分利用了岸线资源,深水码头采用透水构筑物的形式进行布置,新形成岸线较顺直。本项目作为四期工程的续建工程,与四期工程保持有机地衔接,充分、合理、有效地利用了已有设施。港区陆域布置按照港区用地和地区规划进行了统筹考虑,并结合自然地形,合理布置。充分利用现有深水条件,减少港池挖泥工程量,维持泥沙的动态平衡。码头方位取向以潮流为主,陆域纵深约为 2000 米。生产生活辅助建筑物布置相对紧凑集中,节约港区用地。但为满足国际集装箱运输枢纽的需要,港区进行了超前预留。

图 3.1.4.3 – 1　本项目总平面布置及码头布置

3.1.4.4　南方某港区一期工程

1)项目基本情况

该项目总投资 260 362.91 万元,2004 年投入使用。建设 4 个 5 万吨级多用途泊位，设计吞吐能力为160万吨件杂货，30万标准集装箱。根据预测，随着集装箱运量的增长，远期将形成20万标准集装箱的内河运量，故预留3个1000吨级集装箱驳船泊位，待运量形成规模时视需要建设，以满足内河集装箱运转的要求。主要经营集装箱装卸、货物装卸、装拆箱、代办仓储、制造、加工、维修等服务。2009—2011年总产值分别为54 900万元，53 800万元和65 500万元。

2）项目用海及平面布置情况

项目用海面积26.71公顷，其中建设填海造地14.73公顷，用于建设码头，停靠船舶用海11.98公顷。项目陆域总面积为182公顷，港区陆域纵深为1265米，具体用地面积见表3.1.4.4－1。项目主码头岸线长1400米。整个港区陆域布置按功能进行分区，各功能区之间分工明确，互不干扰。整个港区由生产作业区、生产生活辅助建筑区、港口预留发展区和查验监管区四个功能区组成，具体平面布置如图3.1.4.4－1所示。项目近期作为多用途码头使用，为远期发展成以集装箱运输为主的模式而预留堆场和发展用地。海关监为管区是供海关开展进出口集装箱货物查验的场地，安排海关现场办公室、查验台、隔离区、私货仓等设施。

表3.1.4.4－1　港区一期工程用地情况

序号	用地指标	面积(公顷)
1	厂房及配套用地	28
2	行政办公及生活服务设施用地	5.6
3	露天堆场、露天操作场地	88.2
4	集装箱堆场预留地	18.2
5	道路、停车场	32
6	绿地	10
	合计	182

3）平面布局及用海集约情况分析

根据调查发现，该项目功能分区明确，前沿作业地带和堆场区无其他建(构)筑物混杂其中，保证作业不受干扰；堆场后方预留场地，为港区发展留有余地，辅助生产、生活建筑物布置较集中。但陆域布局不够紧凑且预留地面积较大。此外，现场调查发现，堆场堆存集装箱层数较少，堆场的利用率不是很高，增加了占地面积。占用岸线 1400 米。填海造地后没有增加岸线，岸线利用效率等于 1，过低。新形成岸线平直，长度仍为 1400 米。建设 4 个 5 万吨级多用途泊位，5 万吨级集装箱船设计总长为 294 米，每个泊位富裕长度为 30 米，泊位总长为 1326 米，岸线使用率比较高。

图 3.1.4.4-1 港区一期工程效果图

项目堆场类型主要包括重箱堆场、钢材堆场、水泥堆场、矿建材料堆场、木材堆场、其他杂货堆场、冷藏箱堆场和空箱堆场。堆场面积为 88.2 公顷，占陆域总面积的 48.46%。码头岸线长 1400 米，设计吞吐能力为 160 万吨件杂货，30 万标准集装箱，单位岸线吞吐能力为 1143 吨/米和 214.3 标准集装箱/米。每千米岸线形成 3 个泊位和 14.3 万吨级泊位。预留地面积为 18.2 公顷，占陆域总面积的 10%，道路、停车场和绿地等配套功能模块面积达 42 公顷，占陆域总面积的 23.08%，用地不够集约。

3.2　船舶工业

3.2.1　船舶工业类型

不同的部门对船舶有不同的要求，使用船舶的航行区域、航行状态、推进方式、动力装置、造船材料和用途等方面也各不同，因而船舶种类繁多，而这些船舶在船型、构造、运用性能和设备上又各有特点。

按照材质分，依据《船舶生产企业生产条件基本要求及评价方法》（CB/T 3000—2007），船舶生产企业分为钢质一般船舶生产企业、铝质一般船舶生产企业、纤维增强塑料一般船舶生产企业、钢质渔业船舶生产企业、纤维增强塑料渔业船舶生产企业、木质渔业船舶生产企业六个大类。按船舶的航行状态通常可分为排水型船舶、滑行艇、水翼艇和气垫船。按船舶的船体数目可分为单体船和多体船，在多体船型中双体船较为多见。按推进动力可分为机动船和非机动船，机动船按推进主机的类型又分为蒸粉汽机船（现已淘汰）、汽轮机船、柴油机船、燃气轮机船、联合动力装置船、电力推进船、核动力船等。按船舶推进器又可分为螺旋桨船、喷水推进船、喷气推进船、明轮船、平旋轮船等，空气螺旋桨推进器只用于少数气垫船。按机舱的位置可分为尾机型船（机舱在船的尾部）、中机型船和中尾机型船。按船体结构材料可分为钢船、铝合金船、木船、钢丝网水泥船、玻璃钢艇、橡皮艇、混合结构船等。按用途又可以分为客轮、货船（包括油轮）、渡轮、铁道车两渡轮、货客船、救助作业船、工作船、指航船、渔船、非商船、快艇、军舰、潜艇及科考船等。

根据调研，科学的分类应该是货船、辅助船、工程船、高速船舶、海洋油气开发设施（半潜、自升和勘探船）。其中，货船又可以分为杂货船、固体散货船、液体散货船、集装箱船、特种货物运输船、多用途货船、客货船、载驳船及渡船等。

综上，船舶工业类型很多，难以一一列举。根据调研情况，比较好的管理分类应该是分为造船和修船两类，主要控制指标选择泊位数、总吨级。

3.2.2 船舶工业功能分区

船厂包括水域和陆域两大部分。

水域的使用主要是指港池、码头构筑物的建造和形成陆域使用功能需求的用海形式。此外，还有部分用海设施，如滑道一般分成水上和水下两部分，其中水下部分为透水构筑物用海。

陆域主要包括码头作业带、船坞区、生产区和生活办公区四大区块。其中，生产区主要包括钢料堆场、钢料加工车间、舾装中心、管子车间、综合车间、涂装车间、仓库、组立分段堆场、立装工作区和起重装卸设备等；生活办公区主要包括办公楼、宿舍楼、培训中心、食堂、医务室、停车场等配套设施。

3.2.3 船舶工业各功能区块用地面积及占用岸线的影响因素

船厂的主要用地区块包括堆场、厂房车间和辅建区等，码头泊位是占用岸线的主要用海方式。船坞个数、吨位，船舶生产、建造模式影响堆场和厂房车间占地面积大小，船厂生产规模、运营能力和效率、港区前沿水深自然条件等决定了岸线的占用情况。船厂各功能区块作用及面积和岸线占用影响因素见表 3.2.3－1。

表 3.2.3－1　船舶工业各功能区块用地面积及占用岸线影响因素

主要用地(海)区块	作用	影响因素	典型现场照片
1. 厂房、车间	存放设备、器材，焊接、生产等	船坞个数、吨位，船舶生产、建造模式	
2. 堆场、露天操作场	存放设备、器材，露天操作场地	船坞个数、吨位，船舶生产、建造模式	

续表

主要用地（海）区块	作用	影响因素	典型现场照片
3. 船坞	船体拼接、建造	水深、岸线长度、生产规模、船舶建造的市场定位	
4. 舾装码头及前沿	舾装	水深、岸线长度、生产规模、港机运营能力和效率	
5. 行政办公	行政办公	厂区规模、职工数	
6. 道路绿化	运输、公共绿地	车辆宽度、生产区块平面布置、船厂规模	
7. 预留地	留作后备发展用地	厂区未来发展定位、市场前景	

3.2.4 典型用海项目平面布局分析

经过我们的调查发现，船舶工业用海项目生产区布局比较紧凑集约，布置科学合理，注重各生产步骤的衔接，减少运输等中间环节。但也存在着一些问题，主要表现在绿地和预留地面积较大，生活区中娱乐设施占地面积较大，如足球场、篮球场等。

3.2.4.1 南方某修船基地项目

1）项目基本情况

该项目总投资约 21 亿元，配置 400 米 × 83 米 × 14 米和 360 米 × 67 米 ×14.5 米干船坞各一座，7 万吨和 3 万吨级浮船坞各一座，建设 30 万吨码头、15 万吨码头、海洋工程平台码头等 8 个码头和 9 个泊位，具体建设情况见表 3.2.4.1－1。目标产品为 ULCC、VLCC、FPSO、FSO，钻井平台及海洋工程、液化天然气运输船、新一代集装箱船及各类型远洋船舶的修理和改造。修船基地无论是在生产能力、厂区规模还是在干船坞尺度、设备设施等各方面，在国内的修船厂中都首屈一指。项目于 2007 年 5 月开始试运行，2008 年投入正常使用。2009—2011 年总产值分别为 43 亿元、50 亿元和 36 亿元。

表 3.2.4.1－1 修船基地项目建设情况

序号	建设情况	说明
1	30 万吨级修船坞(兼修半沉式钻井平台)一座	1 号修船坞
2	15 万吨级修船坞一座	2 号修船坞
3	7 万吨级浮船坞一座	3 号修船坞
4	3 万吨级浮船坞一座	4 号修船坞
5	浮船坞固定设施一套	4 号码头，停靠 3 号、4 号修船坞
6	30 万吨修船码头一座(2 个泊位)	1 号码头
7	3 万吨修船码头一座(2 个泊位)	1 号码头
8	15 万吨修船码头一座(2 个泊位)	2 号码头
9	10 万吨修船码头一座(1 个泊位)	2 号码头
10	钻井平台修理码头一座(1 个泊位)	2 号码头
11	2 万吨修船码头一座(1 个泊位)	3 号码头
12	工作船、交通船、运输船码头一座	5 号码头
13	汽车渡轮码头一座	

2）项目用海及平面布置情况

项目用海 261.25 公顷，其中填海造地 44.42 公顷，栈桥用海 0.7 公顷，码头用海 216.13 公顷。项目用岛原有面积 18.78 公顷，通过削岛填海形成 63.25 公顷的陆域场地和 3112 米新岸线，陆域纵深约 550 米。项目用地情况见表 3.2.4.1-2，项目主要包括船坞区、生产区、生活办公区三区和南、北码头两个作业带，具体平面布置情况如图 3.2.4.1-1 所示。

表 3.2.4.1-2　修船基地项目用地情况

序号	用地指标	面积(公顷)
1	厂房及配套用地	28
2	行政办公及生活服务设施用地	3
3	露天堆场、露天操作场地	4
4	内部预留地	0
5	道路、停车场	8.5
6	绿地	12.65
7	其他用地	7
	合计	63.15

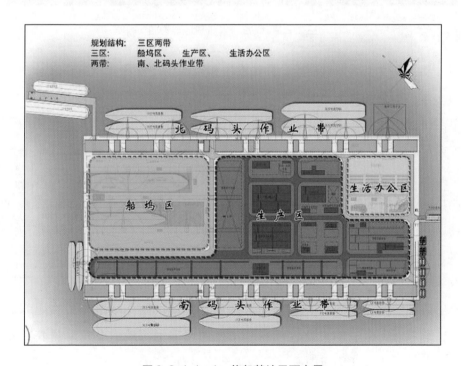

图 3.2.4.1-1　修船基地平面布置

3)平面布局及用海集约情况分析

从基地全景图(图3.2.4.1-2)和现场调研照片(图3.2.4.1-3)可以看出,该船厂是集约用地比较好的典型。各区块布局紧凑,功能分区明确,布置8个码头和9个泊位,岸线使用率高。

图3.2.4.1-2　修船基地全景图

堆场主要包括钢料堆场、拆件堆场和砂堆场,堆场面积占陆域总面积的6.32%,使用率非常高,堆存货物满至道路边缘。船厂经济效益好、订单多是场地利用率高、堆场面积紧张的主要原因,同时面积紧张也制约了该船厂的发展。修船基地最主要的设施就是船坞及码头,码头布置在基地南北两侧,充分利用岸线资源,做到深水深用、浅水浅用。西北角建设浮船坞码头。为了充分利用码头起重机能力,码头后方均布置了舱口盖修理场所。船坞两侧布置拆件堆场,充分利用吊机能力。生产车间相对集中布置,尽量布置在挖方基础上,可节省投资。钢料堆场、预处理、钢管车间及组合场地靠近材料码头一侧,为原材料及成品的运输提供了有利条件。修船装焊场地分别布置在东西码头的后方,模块制作场地布置在船坞后方,均考虑到运输的方便性及利用吊机的可能性。动力站房尽量集中布置,并尽可能靠近负荷中心。办公生活区及外包工生活区尽量集中布置,靠近交通码头一侧,并且建筑物都为多层建筑,用地集约。设置综合仓

图 3.2.4.1-3 船厂调研照片

库，27 米两跨，长度为 84 米，面积为 0.4536 公顷，主要存放一般机电设备、电缆和小五金等物品。另外设置油漆油料化学品库，18 米宽，60 米长，面积为 0.108 公顷。基地主干道宽度为 12 米，次干道宽度为 7~9 米，一般道路为 4 米，道路交叉口转弯半径为 15 米，车间出入口转弯半径为 7~9 米，道路宽度较小，用地集约，但是通车不是很方便。绿地面积略大，根据基地填报数据，绿地面积为 12.65 公顷，绿地率达 20%，但在实际调查中，未见大面积绿地，可能是由于该项目是根据《机械工厂总平面及运输设计规范(JBJ 9—1996)》(2010 年已废止)中"工厂绿地率不宜小于 20%"的要求来设计。在实际生产中，由于基地的发展，用地紧张，减少了绿地而用于生产。

3.2.4.2 北方某造船基地项目

1)项目基本情况

该造船基地项目总投资 654 630 万元，于 2008 年 8 月开工建设，2010 年 1 月建成投产。主要包括：船坞(700 米)、船体车间，T 型材生产线、单板龙筋试生产线、部件装焊生产线和 FCB + RF 焊接设备等生产设备。项目主要建造 18 万吨级以上散货船、VLCC 油轮、VLOC 矿砂运输船、1 万标准集装箱以上集装箱船、6200PCC 汽车运输船和液化天然气运输船等大型远洋船舶，年造船能力 240 万载重吨，年钢材加工量 40 万吨。

2)项目用海及平面布置情况

项目陆域面积 188 公顷(填海 20.341 公顷，征地 167.29 公顷)，海域面积 166 公顷，占用原有岸线 1955 米，新形成岸线长度 1710.5 米，总建筑面积 44 公顷。项目主要分为水工设施区、生产区、辅助生产区、公用环保设施、行政办公服务区等。水工设施区主要包括两个船坞(700 米 × 80 米 × 13.5 米和 550 米 × 68 米 × 13.5 米)、3 个舾装码头和 1 个材料码头；生产区包括船体装焊车间、涂装工厂、船体分段堆场、舾装件集配场、装焊平台等，总面积 69.47 公顷；辅助生产区包括维修工厂、实验室、仓库、油漆库等，总面积 2.46 公顷；公用环保设施包括总降压站、变电站、空压站、气化站等，总面积为 1.44 公顷；行政办公区包括办公大楼、技术大楼、生活楼、食堂等共 0.874 公顷。具体各类用地面积见表 3.2.4.2 - 1。

表 3.2.4.2-1 造船基地项目用地情况

序号	用地指标	面积（公顷）
1	厂房及配套用地	32.5266
2	行政办公及生活服务设施用地	0.874
3	露天堆场、露天操作场地	34.9409
4	内部预留地	34.573
5	道路、停车场	60
6	绿地	20.6
合计		183.5145

3）平面布局及用海集约情况分析

从图 3.2.4.2-1 至图 3.2.4.2-5 可以看出，整个厂区布局不够紧凑，但功能分区明确。预留地面积过大，总用地面积 188 公顷，预留地 34.573 公顷，占陆域总面积的 18.39%，此外，海域利用效率（厂区、行政生活设施、堆场面积/陆域总面积）仅为 36.35%，过低。

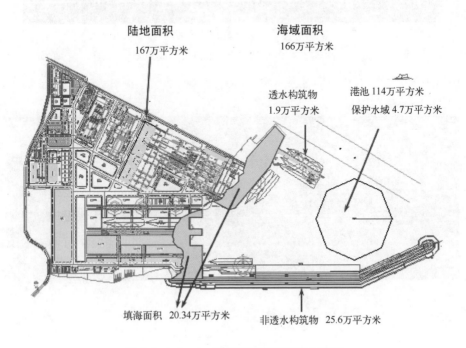

图 3.2.4.2-1 造船基地项目平面布置图

本项目还设有大面积的绿地和道路，根据基地填报数据，本项目的绿地面积为20.6公顷，道路广场面积为60公顷，合计80.6公顷，占总用地面积的42.87%，用地不够集约。此外，本项目占用岸线1955米，而形成新岸线长度为1710.5米，岸线利用效率小于1，过低。

东北地区最高"边坡工程"
高112米

国内最长"船坞"
长700米

亚洲面积最大的"船体车间"
12.4万平方米

图3.2.4.2-2　造船基地项目厂区现状

图3.2.4.2-3　造船基地项目调研现场——码头前沿作业区

图 3.2.4.2-4 造船基地项目厂区内预留地

图 3.2.4.2-5 造船基地项目厂区内绿地

3.2.4.3 北方某船厂建设项目

1)项目基本情况

该船厂建设项目总投资17 873万元,主要经营范围为大型集装箱运输船、液化气船、钻井船、大型油轮等各类高附加值船舶的分段制造和海上石油钻井平台等陆地、海洋结构物的制造。但受技术水平限制,海上石油钻井平台订单量较少,发展较慢。厂区实际产能30万吨,但近年来受债务危机、金融危机等影响,各大船东投资率较低,使得造船形势较为严峻,船厂现在产能约24万吨。

2)项目用海及平面布置

厂区占地面积133余公顷,其中填海面积26.7公顷,占已有陆域面积约106公顷,占用岸线1900米,陆域纵深达310米。厂区内建有钢材堆放场、曲加工工厂、平组立工厂、涂装工厂等生产及配套设施。项目具体用地情况见表3.2.4.3-1。

表3.2.4.3-1 船厂建设项目用地情况

序号	用地项目	面积(公顷)
1	厂房及配套用地	18.5
2	行政办公及生活服务设施用地	5.1912
3	露天堆场、露天操作场地	33.3
4	内部预留地	11
5	道路、停车场	50.08
6	绿地	5.2335

3)平面布局分析

从生产流程看,厂区布局较为合理,基本实现合理的功能分区,满足工艺流程和生产建造的要求,尽可能紧凑地布置建构筑物,使物流运输线路便捷,减少迂回和运输成本。但从用地面积来看,道路和停车场占地面积较大,占地比例达到37.65%,主要是厂区内道路过多、过宽导致。另外,调研发现项目未充分利用场地条件,11公顷的内部预留地面积用作足球场娱乐使用，造成稀缺海域资源的浪费，项目整体海域集约利用程度偏低。见图 3.2.4.3 – 1。

图 3.2.4.3 – 1　船厂建设项目现场调研照片

3.3　电力工业

3.3.1　电厂类型

发电厂按使用能源划分有下述基本类型。

（1）火力发电厂：火力发电是利用燃烧燃料（煤、石油及其制品、天然气等）所得到的热能发电。火力发电的发电机组有两种主要形式：利用锅炉产生高温高压蒸汽冲动汽轮机旋转带动发电机发电，称为汽轮发电机组；燃料进入燃气轮机将热能直接转换为机械能驱动发电机发电，称为燃气轮机发电机组。火力发电厂通常是指以汽轮发电机组为主的发电厂。

（2）核能发电厂：核能发电是利用原子反应堆中核燃料（如铀）慢慢裂变所放出的热能产生蒸汽（代替了火力发电厂中的锅炉）驱动汽轮机再带动发电机旋转发电。以核能发电为主的发电厂称为核能发电厂，简称核电站。根据核反应堆的类型，核电站可分为压水堆式、沸水堆式、气冷堆式、重水堆式、快中子增殖堆式等。

（3）风力发电场：利用风力吹动建造在塔顶上的大型桨叶旋转带动发电机发电称为风力发电，由数座、十数座甚至数十座风力发电机组成的发电场地称为风力发电场。

（4）水力发电厂：水力发电是将高处的河水（或湖水、江水）通过导流引导下游形成落差推动水轮机旋转带动发电机发电。以水轮发电机组发电的发电厂称为水力发电厂。

（5）其他还有地热发电厂、潮汐发电厂、太阳能发电厂等。

在本项目中，我们调研的电力工业用海重点关注火力发电厂（燃煤发电厂）和核能发电厂。

3.3.2　电厂功能分区

本次调研滨海电厂，主要比较燃煤发电厂和核电厂厂区的功能分区。

滨海建设的燃煤电厂多以水路运煤、码头接卸及皮带运输的方式进行燃料运卸。其用海方式主要是泊位、港池、防波堤、护堤护岸以及取、排水等用海。而陆域厂区主要分为生产区和厂前建筑区。其中，生产区包括码头前沿用地、运煤（铁路、公路、传送带）用地、主厂房（汽机房、除氧间、煤仓库、锅炉房）、冷却设施区、配电装置、运卸煤和贮煤设施区、化学水处理设施区、制（供）氢站、除灰渣、脱硫与脱硝设施区、启动锅炉、燃油设施（贮油罐、油泵房、汽车卸油设施，油污水处理装置）、给水（包括工业、生活、消防水）设施、废水处理设施、雨水泵房及贮水池、其他生产辅助及附属建筑；厂前建筑区包括行政办公楼、检修宿舍、夜班宿舍、招待所、职工食堂等建筑物。

核电厂用海方式主要是泊位、港池、防波堤、护堤护岸以及取、排水等用海。陆域厂区主要分为生产区和厂前建筑区，其中，生产区包括主厂房区、放射性辅助生产设施区、配电装置区、除盐水设施区、循环水泵房区、制（供）氢站、气体贮存和分配设施区、辅助锅炉房、维修设施与仓库建筑区、废污水处理设施区、实物保护区等。

3.3.3 电力工业陆域各区块面积及占用岸线的影响因素

燃煤发电电厂的主要建设用地区块包括生产区和厂前建筑区，码头泊位和取排水口是占用岸线的主要用海方式。影响生产区和厂前建筑区用地面积的主要因素是规划容量、机组组合方式(台数×单机容量)以及职工人数。而电厂的规划容量和燃煤量、运营能力和效率、港区前沿水深自然条件等决定了岸线的占用情况。

核电厂主要建设用地区块包括生产区和厂前建筑区，码头泊位和取排水口是占用岸线的主要用海方式。影响生产区和厂前建筑区用地面积的主要因素是规划容量、机组布置方式(双堆、单堆)、机组组合方式(台数×单机容量)以及职工人数。而电厂的规划容量、运营能力和效率、港区前沿水深自然条件等决定了岸线的占用情况。

3.3.4 典型用海项目平面布局分析

我们通过调查发现，我国电力用海项目普遍集约利用程度较差，主要问题包括：大面积的预留地，绿地占用较大面积，建筑物楼层数少，闲置空地较多，部分有景观占地以及占用岸线而不使用岸线，仅码头和取排水口使用很少的岸线。但是，电力用海项目产生的灰渣等废弃物都进行再利用，减少了堆场的面积，体现了集约用海。

下面对南方某发电厂用海项目平面布局情况做简要的分析。

1)项目基本情况

该项目动态投资为846 322万元，静态投资为787 322万元。建设10万吨级码头1个，3000吨级码头一个，规划建设6台100万千瓦超临界燃煤发电机组，一期工程先建设2台机组。1号、2号机组分别于2010年10月5日和2011年4月28日投产发电，截至2012年11月底，2012年已发电104亿千瓦时，实现工业总产值约为87亿元。

2)项目用海及平面布置情况

该项目整体用海面积为182.07公顷，其中填海造地面积48.1公顷，非透水构筑物、港池和取排水口用海133.97公顷。取排水口采用深取浅排差位方式布置形式，为不改变海域自然属性的一般性用海。陆域面积137.7公顷。项目占用岸线总长度为2953米，其中占用自然岸线长度为1195米，新形成岸线平直，长2953米。该工程设置有河道，用来进行水体冷却，减少了对海水的热污染。

3）平面布局及用海集约情况分析

整个厂区布局不够紧凑，但功能分区明确。岸线长度2953米，仅建设310米码头，岸线利用率为10.50%，岸线利用率很低。

从厂区全景图（图3.3.4-1至图3.3.4-3）和调研照片（图3.3.4-4）中可以看出，厂区建筑物布置不够紧凑，且建筑楼层较低，多为1~3层；建筑物前后有大面积空地，绿地面积略大，用地不够集约。此外，该项目还有大面积的预留用地。该工程为灰渣及脱硫石膏综合利用创造条件，采用了较先进的除渣系统、石膏脱水处理系统正压浓相气力输送系统，并采用汽车外运综合利用，减少了灰场的面积，这是集约用地比较好的方面。

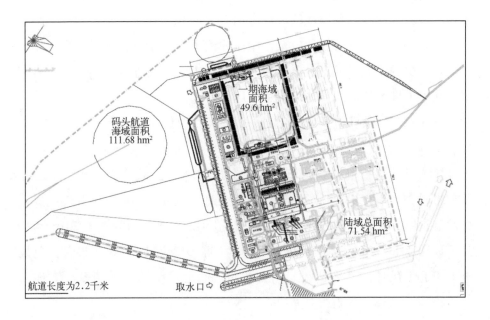

图3.3.4-1 发电厂平面布置图

图 3.3.4 - 2　发电厂效果图

图 3.3.4 - 3　发电厂厂区全景图

图 3.3.4 –4   发电厂调研照片

3.4 石化工业

3.4.1 石化工业功能分区

石化工业用地指标与厂区布置息息相关，厂区是指由工艺装置、辅助生产设施、公用工程设施、仓储设施、运输设施和生产管理及生活服务设施等组成的区域，主要分为工艺装置区、储运区、辅助设施和通道五大区域，具体内容如下。

（1）工艺装置区。工艺装置区是完成由原油转化为成品的生产区，大型炼油厂一般由十几套装置组成。

（2）储运区。储运区包括储罐区和装卸区。储罐区由原油罐、中间罐、成品罐组成，其功能是接收和储存输入的原油和装置输出的各种成品、半成品。装卸区由铁路、公路和水运码头区组成。

（3）公用工程设施。由循环水场、给水加压站、变配电、空压站、动力站等设施组成，其作用是满足工艺加工、油品储运功能的配套设施。

（4）辅助设施。由综合楼、消防站、仓库、三修设备、污水处理、火炬设施等构成，是保证全厂正常生产、对外联系、安全环保的设施。

（5）通道。通道用于布置全厂道路、排水沟和系统管线，同时又兼做防火隔离带。

3.4.2 石化工业平面布置集约节约用海的思路

根据国家和有关部委的现行标准和规范，在确保安全生产，满足工艺和物流要求基础上，结合厂址位置的自然条件，合理确定全厂各装置、设施的平面位置，使其各得其所，相互协调。因此总平面布置应结合厂址现状，顺应全厂工艺流程、物料畅通、管线短截，使全厂形成统一的有机整体，分区明确、便于管理，统一规划、优化组合、合理紧凑地布置相关单元，可以实现节约用地、安全生产，方便运营管理，加快建设进度，减少基建和运营费用，提高经济效益和美化厂容的目的。

3.4.3 石化工业平面布置集约节约用海的方式

1）合理划分功能分区

从安全防火、方便操作管理等方面考虑，生产性质、特点和火灾危险性相近的工艺装置、单元或设施应尽量集中布置，如工艺装置、油品储罐、公用工程等分别集中形成不同的功能区。在功能区内各装置、单元或设施之间，由于性质特点相近，其防火间距要求较小，则使其占地较少。若将火灾危险性高的单元与其他不同性质的单元或设施混合交叉布置，由于防火间距要求较大，必然造成占地面积增加。如将液化石油气储罐分散布置在厂区不同地段，因对其与周围邻近设施或单元的防火间距要求较大，则总占地必然较多。相反，若将液化气罐组集中布置在一起，仅液化气罐区周围的防火间距较大，而液化气罐组之间的防火间距要求较小，因此，总占地将减少许多。合理的功能分区可达到节约用地的效果。

2）合理确定通道宽度

将全厂道路、排雨水通道及管网集中布置，形成划分各功能区的通道。通道的宽度取决于道路的宽度、排雨水的方式以及地上和地下管线的数量及敷设用地宽度，并适当考虑改扩建预留用地。通常通道是贯穿厂区南北或东西方向的狭长地带，若通道宽度增加，便会增加许多占地。以某年产1000万吨炼油厂平面布置为例，若中间南北向通道宽度增加1米，则需增加占地约1500平方米。因此，合理确定通道宽度对减少占地和投资十分有利，为节省占地，厂内道路宽度不应随意加大，一般较大规模炼油厂厂内主要道路宽度最大不应超过9米。路面结构的选择也应根据使用要求，不能单纯追求行车平稳和视觉感受较好，而采用高速公路那种沥青混凝土路面。

3）管线合理集中，避免往返迂回

炼油厂物料的输送主要是通过管道，因此，大量各类管线的合理集中布置也是减少占地的措施之一。管线的布置与全厂的工艺流程有密切关系。为缩短管线长度，应按工艺流程的最短距离进行布置。对于全厂系统管线比较多的管带，不应过于分散，应通过厂区总平面布置的调整，尽量使全厂的系统管线集中布置成主管带，以达到减少占地的目的。

4）适当合并独立的建筑物

如工艺装置内，除较大的机房、泵房外，大多是体积较小的仪表间、控制室、变配电间、值班休息室等。若将上述小型建筑物分散独立布置，各建筑物均应符合防火间距要求。若将性质相近的建筑物合并组成较大的建筑，可以节省建筑用地。这种方式适于全厂性的办公、通信、生产管理、化验、环保检测站室及医疗站、倒班宿舍、食堂、浴室、维修站、仓库、汽车库等的布置。

5）优化工艺单元装置内的布置

在进行全厂总平面布置前，首先应了解各工艺单元装置的布置及占地要求，然后进行全厂总平面规划，经多方案比较，选择较好方案，提出对各工艺单元装置占地平面尺寸的调整意见，再根据有关专业反馈意见，确立推荐的总平面布置方案。为了减少占地，需对各工艺单元装置的布置优化，避免全厂总平面布置紧凑合理，而各工艺单元装置内布置松散，而造成土地的浪费。

6）联合布置工艺单元装置

全厂的工艺装置应尽量做到上、下游装置直接进料、同开同停，集中紧凑地布置成联合装置，这样可减少占地并能节省工程投资。性质特点相近或彼此联系紧密的公用工程或辅助设施也应适当联合布置，如动力站、总变电、化学水处理以及凝结水站等单元联合布置，同样可以减少占地和节省投资。

在炎热地区，当循环水冷却塔散发的水汽对环境无较大影响时。可根据各工艺装置用水量，将冷却塔分别布置在相关的装置内，也能减少占地、降低能耗和节省投资。

7）改扩建工程节约用地的方式

石化工业在发展过程中多会涉及改扩建，主要因为我国工业发展的基本方针就要求工厂适应生产不断发展的需要，对老厂进行"挖潜、革新、改造、扩建"，这能最大限度地合理利用已有设施，节约基建投资；由于市场变化及工艺技术的飞速发展，在工厂总平面布置中往往难以预料工厂今后扩展的幅度，在厂区内虽然也留有一定余地但却有限，改扩建工程可通过如下方式实现节约用地。

（1）合理布局，最大限度地利用原有的建筑物、动力设施、运输线路、工程管线等。

（2）周密考虑改扩建厂与原有企业之间的联系，做到衔接平顺、自然，新老结合密切、方便。

（3）应充分利用现有企业范围内的空地，提高场地的利用率。

（4）在可能的条件下，应考虑企业再发展。

3.4.4 典型用海项目平面布局分析

经过我们的调查发现，石化工业用海项目平面布局功能分区明确，且生产区布局比较紧凑合理。多采用联合布置工艺单元装置的方式，使上下游装置直接进料、同开同停，集中紧凑的布置呈联合装置，以减少占地，并能节省工程投资。此外，也会尽量采用靠近、集中布置生产性质、特点和火灾危险性相近的工艺装置、单元或设施的方式来减少防火间距，使其占地较少。

但石化工业也存在一些突出的问题。如存在大面积预留地；办公区内有较大面积的广场或绿地；存在土地空置问题，尤其是码头前沿作业带空置明显；也有部分厂区的各功能区间距较大，布局不够紧凑。

3.4.4.1 南方某液化天然气(LNG)应急调峰站项目

1）项目基本情况

该项目总投资 700 076 万元，主要建设配套码头、液化天然气接收站和外输管道工程。码头工程分为液化天然气码头和工作船码头，建设规模分别为 8 万~26.7 万立方米液化天然气船泊位（主力设计船型为 17.7 万立方米液化天然气船）和 3000 吨级泊位（配合液化天然气接收站的建设和日后维护，接运所需的设备和器材等）。接收站工程建设规模为 300 万吨/年（2015 年达产）。外输管道工程建设规模为 DN800 陆上输气管道 63 千米，线路阀室 3 座，清管站 1 座。

2）项目用海及平面布置情况

项目用海面积 64.4809 公顷，其中填海造地 39.7329 公顷，用于接收站护岸、陆域及工作船顺岸式沉箱码头，港池用海 20.4823 公顷（与另外一家天然气有限公司合用，节约用海），液化天然气码头及引桥用海、火炬平台及栈桥 2.5694 公顷；取、排水口用海 1.6963 公顷。此项目用地全部为填海造地，具体用地情况见表 3.4.4.1－1。接收站区陆域主要划分为液化天然气罐区、工艺生产区、辅助生产区、管理区、液化天然气装车区等，总占地面积约 35 公顷。站内各功能区分布和具体情况详见图 3.4.4.1－1 和表 3.4.4.1－2。项目占用岸线(自然岸线)888 米，形成新岸线 1646 米，陆域纵深 284~425 米。

表 3.4.4.1－1 液化天然气应急调峰站项目用地情况(来源于调查表)

序号	用地指标	面积(公顷)
1	行政办公及生活服务设施用地	0.9745
2	露天堆场、露天操作场地	2.6553
3	内部预留地(二期)	2.4732
4	罐区、生产设备等用地	15.1704
5	道路、停车场	7.5939
6	绿地	6.1327
	合计	35

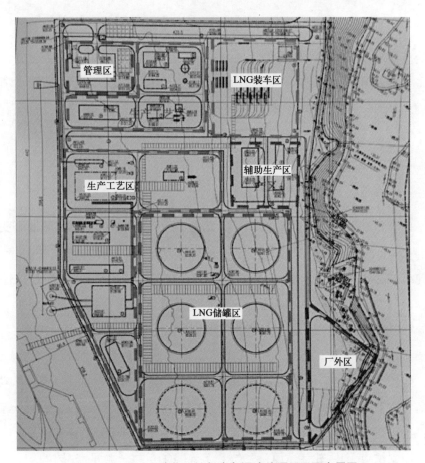

图3.4.4.1-1 液化天然气应急调峰站项目平面布置图

表3.4.4.1-2 液化天然气接收站用地面积表（来源于本项目论证报告）

序号	项目	面积（公顷）	备注
1	液化天然气灌区	10.5342	4个16万立方米液化天然气储罐，2座16万立方米预留罐位
2	工艺生产区	5.8534	汽化器区、海水取排水区、泵区及外输设备区
3	辅助生产区	2.2121	包括变配电区、主控室及化验室、维修仓库、化学品存储棚、淡水泵房及空分制氮间
4	管理区	0.9745	综合楼、车棚
5	液化天然气装车区	2.6553	装车控制室、装车车位、停车区
6	厂外	6.1	疏港道路、施工场地、冷能利用与军事设施的缓冲带
7	其他	6.6705	场内道路、管架、围墙绿化、消防等
	合计	35	

3）平面布局及用海集约情况分析

从项目平面布置图（见图3.4.4.1-1）可以看出，厂区内功能分区明确，各区块布置紧凑且合理，能满足工艺流程，集约用地情况好。项目占用岸线（自然岸线）888米，填海造地后增加了758米岸线，岸线利用效率高。

3.4.4.2 某公司南方炼油项目

1）项目基本情况

该项目一期工程总投资约216亿元人民币，建设有30万吨原油码头和7万吨成品油码头各一个以及7个泊位，分别是30万吨原油泊位1个、3万吨级成品油泊位1个、2万吨石油焦炭泊位1个和5千吨级成品油泊位4个。目前原油加工能力1200万吨/年，建设有常减压蒸馏、催化裂化、气体分馏、烷基化、甲基叔丁基醚（MTBE）、高压加氢裂化、中压加氢裂化、汽柴油加氢、制氢、催化重整、芳烃联合、延迟焦化、脱硫联合、硫回收、酸性水汽提联合、废酸再生16套生产装置。2012年加工1120万吨海洋高含酸重质原油，是国际上第一个集中加工海洋高含酸重质原油的炼油厂，也是目前国内单系列最大的炼油厂。一期工程于2009年5月一次性成功投产，结束了中国海洋原油"有采无炼"的历史。主要产品包括液化气（LNG）、丙烯、苯、对-二甲苯、乙烯裂解原料、汽油、航空煤油、柴油、硫黄及石油焦等。

2）项目用海及平面布置情况

一期工程用海面积170.8公顷，其中填海造地面积13.4066公顷，港池用海121.613公顷，海底原油管道用海35.8公顷。陆域面积249.9103公顷。占用岸线长800米，形成1168米的新岸线。工程包括北厂区、南厂区、装车设施、马鞍洲岛储运区等，厂区全景和主厂区（即北厂区、南厂区）的总平面布置如图3.4.4.2-1和图3.4.4.2-2所示。一期工程生产装置及辅助公用设施情况见表3.4.4.2-1。

图 3.4.4.2 -1 炼油项目主厂区全景图

表 3.4.4.2 -1 炼油项目一期工程生产装置及辅助公用设施情况

装置区域	装置名称	装置规模
第一联合装置区	常减压蒸馏装置	1200 万吨/年
	催化裂化装置	120 万吨/年
	气体分馏装置	30 万吨/年
	烷基化装置	(硫酸)16 万吨/年
	MTBE 装置	6 万吨/年
第二联合装置区	高压加氢裂化装置	400 万吨/年
	中压加氢裂化装置	360 万吨/年
	汽柴油加氢装置	200 万吨/年
	制氢装置	15 万吨/年
第三联合装置区	催化重整装置	200 万吨/年
	芳烃联合装置	84 万吨/年
第四联合装置区	延迟焦化装置	420 万吨/年
	脱硫联合装置	
	硫回收装置	6 万吨/年(两头一尾)
	酸性水汽提联合装置	2×150 吨/小时
	废酸再生装置	1 万吨/年

装置区域	装置名称	装置规模
储运、公用及辅助设施	铁路	总长：4.99 千米。
	原油罐区(一、二)	库容：8×10 万立方米
	中间及成品油罐区	中间原料罐库容：38.28 万立方米。成品油罐库容：67.26 万立方米
	汽车装车设施	柴油、液化气、丙烯液氨装车台各 2 座共 30 个鹤位，装车台 1 座
	铁路装车设施	柴油装车台 1 座 48 鹤位，汽油和航空煤油装车台 1 座 18/24 鹤位，备洗槽站(特洗台/普洗台)
	火炬设施	一套(2 座)DN1600 可拆卸捆绑式 2 万标准立方米气柜
	含油雨水监控站	北厂区 5.5 万立方米监控站 1 座，南厂区 2 万立方米监控站 1 座
	循环水场	3 个共计：48 000 立方米/小时
	污水处理场	污水处理量：630 立方米/小时
	供电系统	220 千瓦/35 千瓦总变电所 1 座，35 千瓦配电中心 1 座，35 千瓦/6 千瓦区域变电所 7 座
	动力站	45 兆瓦燃气轮机及其配套双压余热锅炉 1 台，17 兆瓦抽背式汽轮机组 1 台，12 兆瓦纯凝式汽轮机组 1 台，130 吨/小时燃油燃气锅炉 2 台
	马鞭洲原油库区	库容：6×5 万立方米
	马鞭洲原油码头	30 万吨级泊位 1 个
	东联成品油码头	3 万吨级泊位 1 个，2 万吨级石油焦炭泊位 1 个，5 千吨级泊位 4 个

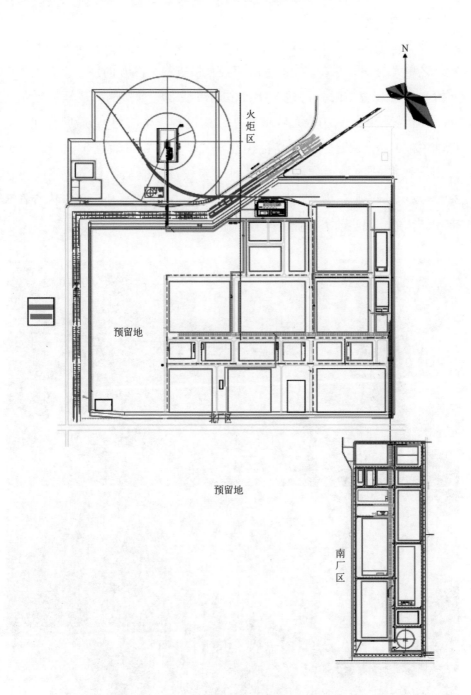

图3.4.2-2 炼油项目一期工程总平面布置

3)平面布局及用海集约情况分析

该项目厂区内功能分区明确，各区块布置比较紧凑。项目采用联合布置工艺单元装置的方式，使上下游装置直接进料、同开同停，集中紧凑的布置呈联合装置，减少占地。项目占用岸线800米，填海造地后增加了368米岸线。新形成的岸线1168米中，建设有7个泊位，分别是30万吨原油泊位1个、3万吨级成品油泊位1个、2万吨石油焦炭泊位1个和5000吨级成品油泊位4个，岸线利用率较高。但从平面布置图(见图3.4.4.2-2)和现场调研照片(见图3.4.4.2-3)可以看出，厂区内存在大面积预留地，码头前方作业带空置明显。

图3.4.4.2-3 炼油项目调研照片

3.4.4.3　北方某液化天然气项目

1）项目基本情况

本项目总投资 545 631 万元，由码头、液化天然气接收站和配套系统三部分组成。码头建设包括码头、引桥和护岸设施，工程一次建成，不分期。码头主要包括 1 座专用液化天然气码头和 1 座工作船码头，通过引桥与陆域液化天然气接收站相连。液化天然气码头设 1 个液化天然气卸船泊位，最大可以停靠 26.7 万立方米的液化天然气船，设计接卸能力 650 万吨/年，最大接卸能力可达 800 万吨/年。接收站主要包括卸船、储存、气化、蒸发气回收、外输、自动化控制以及配套设施等，液化天然气接收站设计规模一期为 300 万吨/年，储罐容量 48 万立方米（设 16 万立方米储罐3 座），二期将达到 600 万吨/年，不再增设储罐。配套系统主要包括站外系统供电、道路、通信、供暖、供水、消防、土建等工程。本项目 2011 年开始供气，一期供应五个城市，供气量 42.36 亿立方米/年；二期增加供应两个城市，总供气量达到 84.01 亿立方米/年（折合液化天然气：600 万吨/年）。

2）项目用海及平面布置情况

项目申请用海面积 135.25 公顷，其中填海 18.80 公顷，征用陆地 21.7424 公顷，规划总陆域面积为 40.5424 公顷。码头位于 −17.0 米 天然水深处，码头平面布置采用蝶形布置方式，泊位长度为 446 米。码头设工作平台 1 座（其上设二层操作平台），靠船墩 4 座，系缆墩 6 座。码头工作平台尺寸为 45 米×25 米。二层操作平台考虑工艺设施的布置要求，尺寸为 24 米×14 米。码头与陆域通过引桥相连接，其上供人员车辆通行、工艺管线及管廊布设。引桥长度为 150 米，宽度 15 米。接收站陆域部分回填形成，护岸总长 955.6 米。海水取排水口结合护岸布置，分设在回填陆域东侧和西南角。项目陆域共布置 3 个 16 万立方米液化天然气储罐。具体平面布置如图 3.4.4.3 −1、图 3.4.4.3 −2 所示。

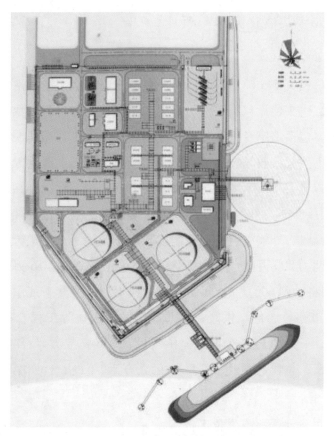

图3.4.4.3－1　液化天然气项目接收站平面布置图

图3.4.4.3－2　液化天然气项目效果图

3) 平面布局及用海集约情况分析

从平面布置图、现场效果图和现场调查照片（见图3.4.4.3－3）可以看出，厂区内功能分区明确，但各区块布置不够紧凑，区块间距离较大。而且，各区块的实际建设和布置与规划设计图不完全相符。此外，厂区内有较大面积预留地和成块绿地，其中绿地面积为6.08136公顷，绿地率为15%，略高。

图3.4.4.3－3 液化天然气项目厂区照片

第四章 主要海洋产业集约水平评价

本章节重点就港口工程、船舶工业和电力工业三种海洋产业集约用海水平进行评价。通过选取部分沿海省市具有代表性的填海项目，从岸线集约水平、海域集约水平以及项目内大宗用地区块(堆场和预留地)等方面对各个海洋产业填海项目进行综合分析评价。

4.1 海洋产业集约用海水平评价的内涵

海岸线和海域的集约利用是一个复杂的内涵，但是我们认为，对项目在投资、平面设计、功能布局、运营管理等各方面进行的提高和优化，对项目在经济、社会、环境三个方面产生了积极有利影响，都是海岸线和海域集约利用的具体体现。因此，设计的评价指标都应该能从一个侧面"表征"集约用海，每个指标值的多寡都应该从某一方面对各用海集约度进行"排序"。然而，要从根本上反映集约的程度，必须综合考虑每个指标，将每个指标作为集约度的一部分。同样，每个指标所占比例的多少也影响着集约度的不同，这就是每个指标的"权重"问题。

因此，要解决海域集约度评价的问题，仅有单项的指标还远远不够。在进行集约度评价前，还需搞清楚三件事：①我们目前的指标够不够全面，是否可以反映集约用海的每个方面；②这些指标分别是从哪些侧面反映集约用海的问题，它们两两之间哪个更重要，哪个比重会更多；③采用哪种方式方法来对集约度评价，或采用哪种方式排序。

为确定我们的指标是否全面，是否可以充分反映集约用海，首先对集约用海的涵义进行一次回顾。从资源利用角度来看，海域资源利用是海域资源自然生态利用与经济社会利用的有机耦合。因各种自然过程和人类活动产生的物质、能量、价值和信息流动使得海域自然生态利用和经济社会利用相互依存、制约和渗透。海域资源利用属于典型的效益驱动型，而且这种效益并非单一目标指向，而是涵盖资源、生态、经济和社会等方面的综合效益。其中，资源效益是就海域资源数量有限性和功能不易替代性而言，要求人类对其利用应坚持"物尽其用，用尽其利"，节约利用海域资源，减少和杜绝浪费现象，以更好实现有限海域资源对人类经济社会发展需求的满足，实现其资源价值。生态效益是就资源与环境关系而言，要求人类在实际利用中，一方面要将相关活动限制在资源承载力范围内，另一方面海域资源利用的中间产物和最终产物不应对周围环境产生不可逆的负面影响，也即在生态上要持续。经济效益是就海域资源用途多样性和市场发展对经济功能的重视而言，追求经济利益是海域资源利用的主要驱动力之一，经济效果往往成为决定海域资源利用对象和方式选择的关键。社会效益是指在海域资源利用过程中，由于不同利益集团的存在和关注重点差异，海域资源利用应尽可能顾及不同人群生存与发展权利的公平性。由此可见，人类利用海域资源的目标应该是追求综合效益最大化，既能最大限度满足当前经济社会发展需求，又不浪费现状资源或者对后续利用造成难以弥补的负面影响。

海域资源集约利用隶属于生产领域的"集约经营"，是对既往一味依赖增加海域面积投入的外延扩张型发展模式的一种积极变通。根据经济学的生产理论，所谓生产就是利用生产要素将投入转换为产出的过程，而生产要素的数量及其组合与其所能生产的产量之间存在类似于某种函数的关系（生产函数）。人们对海域资源的各种利用行为其实也是生产活动，在此过程中，海域、劳动和资本是必不可少的生产要素，产品则是相应的物质产品或精神享受。一般把海域作为固定要素，而把劳动、资本等其他要素作为可变要素，生产过程就是将一定数量的劳动和资本等可变要素合乎比例地投入到固定要素——海域当中，以期以最小的成本获得最大的收益。由于产出与投入数量及其组合间存在特定关系，因而，当我们面临海域资源匮乏而又希望获得同样或更好产出效果时，可以在一定程度上通过增加其他可变要素投入数量、改变组合结构来弥补海域要素数量的不足——这正是海域资源集约利用的出发点和立足处。

由此可见，在设立集约用海评价指标时，要充分考量集约用海的涵义和每个用海行业的用海特征。

4.2　多指标评价的方法

采用多指标对一组被评对象进行分析评价，由于各指标在不同被评对象下的变动方向和幅度不尽相同，就涉及综合评价问题。多指标评价的方法一般包括：平均法、距离法、模糊评价法、灰色关联度法、聚类分析法、主成分分析、因子分析、判别分析、数据包络分析法等。运用不同的评价方法对一组被评对象进行评价对比，其结论常常不同，于是产生了综合评价方法的比较和优选问题。

我们认为，运用多个指标评价的最终目的是对一组被评对象进行等级排序，以便分出优劣，于是评价方法的合理性取决于运用该方法对被评对象进行等级排序的合理性。鉴于此，我们首先建立合理等级排序的依据，然后根据各综合评价方法所做的等级排序与合理等级排序的"差距"或"相关度"来进行综合评价方法的优选。由于选用不同综合评价方法实际上是从不同角度对被评对象进行等级排序，显然任何一种评价方法所做的等级排序，其结果都很难使人信服。综合评价合理的等级排序需要综合考虑各评价方法对被评对象所做的等级排序。笔者认为，可用不同评价方法所做的等级排序号之和作为合理等级排序的依据。

下面我们对主要的几种多指标评价方法进行分别研究。

4.2.1　层次分析加权法（AHP 法）

AHP 法是将评价目标分为若干层次和若干指标，依照不同权重进行综合评价的方法。根据分析系统中各因素之间的关系，确定层次结构，建立目标树图→建立两两比较的判断矩阵→确定相对权重→计算子目标权重→检验权重的一致性→计算各指标的组合权重→计算综合指数和排序。

该法通过建立目标树，可计算出合理的组合权重，最终得出综合指数，使评价直观可靠。采用三标度(−1，0，1)矩阵的方法对常规的层次分析加权法进行改进，通过相应两两指标的比较，建立比较矩阵，计算最优传递矩阵，确定一致矩阵(即判断矩阵)。该方法自然满足一致性要求，不需要进行一致性检验，与其他标度相比具有良好的判断传递性和标度值的合理性；其所需判断信息简单、直观，作出的判断精确，有利于决策者在两两比较判断中提高准确性。

4.2.2　距离法

从几何角度看，每个评价对象都是由反映它的多个指标值在高维空间上的一个点，综合评价问题就变成了对这些点进行排序和评价。首先在空间确定出参考点，如最优点和最劣点，然后计算出评价对象与参考点的距离，与最优点越近越好，与最劣点越近越差。这就是距离综合评价法的基本思路。

设有 m 项被评价对象，有 n 个评价指标，则评价对象的指标数据库为：

$$K_j = (K_{1j}, K_{2j}, \cdots, K_{nj}), \quad j = 1, 2, \cdots, m$$

设最优数据为：

$$K_0 = (K_1, K_2, \cdots, K_n)$$

最优单位 K_0 中各数据确定如下：高优指标，取所有 m 个单位中该项评价指标最大者；低优指标，取所有 m 个单位中该项评价指标最小者。各单位与最优单位的加权相对差距和为：

$$D = \sum_{j=1}^{n} W_i K_i - K_{ij} 2M_i$$

式中，W_i 为第 i 项指标的权系数；M_i 为所有单位的第 i 项指标数值的中位数。结果按 D 值大小进行排序，D 值越小，该单位越接近最优单位。

该方法直观、易懂、计算简便，可以直接用原始数据进行计算，避免因其他运算而引起的信息损失。该法考虑了各评价对象在全体评价对象中的位置，避免了各被评价对象之间因差距较小而不易排序的困难。

距离法的步骤一般包括：确定评价矩阵和指标权重向量、指标同向化、构建规范化评价矩阵、构建加权规范化评价矩阵、确定理想样本和负理想样本、计算每个评价对象与理想样本和负理想样本的距离、计算评价对象与最优样本相对接近度、排序。

4.2.3 主成分分析法

该法是将多个指标化为少数几个综合指标而保持原指标大量信息的一种统计方法。其计算步骤简述如下。

对原始数据进行标准化变换并求相关系数矩阵 $Rm \times n$→求出 R 的特征根 λ_i 及相应的标准正交化特征向量 a_i→计算特征根 λ_i 的信息贡献率，确定主成分的个数→将经过标准化后的样本指标值代入主成分，计算每个样本的主成分得分。

应用本法时，当指标数越多，且各指标间相关程度越密切，即相应的主成分个数越少，本法越优越；对于定性指标，应先进行定量化；当指标数较少时，可适当增加主成分个数，以提高分析精度。采用主成分分析法进行综合评价有全面性、可比性、合理性、可行性等优点，但是也存在一些问题：如果对多个主成分进行加权综合会降低评价函数区分的有效度，且该方法易受指标间的信息重叠的影响。

4.2.4 TOPSIS 法

TOPSIS 法是基于归一化后的原始数据矩阵，找出有限方案中的最优方案和最劣方案，然后获得某一方案与最优方案和最劣方案间的距离（用差的平方和的平方根值表示），从而得出该方案与最优方案的接近程度，并以此作为评价各方案优劣的依据。其具体方法和步骤如下。

评价指标的确定→将指标进行同趋势变换，建立矩阵→归一化后的数据矩阵→确定最优值和最劣值，构成最优值和最劣值向量→计算各评价单元指标与最优值的相对接近程度→排序。

指标进行同趋势变换的方法：根据专业知识，使各指标转化为"高优"，转化方法有倒数法（多用于绝对数指标）和差值法（多用于相对数指标）。但是该法的权重受迭代法的影响，同时由于其对中性指标的转化尚无确定的方法，致使综合评价的最终结果不是很准确。

4.2.5 模糊评价法

有些评价问题一般只能用模糊语言来描述。例如，评价者根据他们的判断对某些问题只能作出"大、中、小""高、中、低""优、良、劣""好、较好、一般、较差、差"等程度的模糊评价。在此基础上，通过模糊数学提供的方法进行运算，就能得出定量的综合评价结果，从而为正确决策提供依据。

1965 年，美国加利福尼亚大学的控制论专家查德根据科学技术发展的客观需要，经过多年的潜心研究，发表了一篇题为《模糊集合》的重要论文，第一次成功地运用精确的数学方法描述了模糊概念，在精确的经典数学与充满了模糊性的现实世界之间架起了一座桥梁，从而宣告了模糊数学的诞生。从此，模糊现象进入了人类科学研究的领域。

模糊综合评判是以模糊数学为基础，应用模糊关系合成的原理，将一些边界不清、不易定量的因素定量化并进行综合评价的一种方法。

4.3 集约度评价的方法选择和技术路线

4.3.1 评价方法确定

通过以上的研究可知，每种方法在进行多指标评价时均存在优点和缺点，针对集约用海的集约度评价，我们采用距离法。

这是因为每个反映集约的单个指标都不存在"最大值",只有更集约,没有最集约,或者说,最集约的情形只出现在理论上;其次,每个反映集约的指标在数值单位上不尽相同,有的以百分数表示,有的以金额表示等,要把所有这些指标表示的集约情况集中反映出来,必须将每个指标的值"标准化"。鉴于我们所调查的样点只是现阶段海域集约利用的有限表示,因此,我们认为,将每个案例每个集约指标和最优集约案例进行差距计算是本书中进行集约度评价的最优方法。

需要说明的是,在进行集约度评价时,要结合案例情况、指标选择情况等最终确定方法,不可一成不变。

4.3.2 具体评价思路

针对我们所能掌握的样点以及研究所得可表征用海集约的指标,我们的评价思路可概括为以下三点。

1)分产业评价

由于不同产业的用海特征差异很大,反映其用海集约的指标不尽相同,分为公共指标和各产业指标,因此在评价时,我们将样点按产业分类,并按产业选择评价指标,最终分析计算。

2)分海域和海岸线集约度评价

海域是一种特殊的资源,除其流动性、立体性、关联性外,还具备强烈的区位差异,这种区位差异表现在海域价值由海岸向外海的辐散,由此可知海岸线在海域价值体系中具有独特的地位。

为反映海岸线的这种独特价值和其集约利用情况,我们将集约指标分为海域和海岸线指标两类,并在集约评价时分别进行评价。

3)百分制

我们计划采用百分制法,计算每个评价案例的集约分数,这样最直观易懂。根据每个指标的不同,在进行百分制标准化数据同化中,采用和最优案例指标的比值确定。

4.3.3　计算公式

依据距离法有关理论，考虑第 4.3.2 节中有关思路原则，本次海域集约评价采用公式如下：

$$A = \frac{\sum\limits_{i=1}^{n} A_i a_i}{n} \qquad i = 1,2,\cdots,n \qquad （公式4.3.3-1）$$

式中，A 为某类海洋产业海域（海岸线）集约度；A_i 为该类海洋产业海域（海岸线）集约度指标；a_i 为调整系数，$a_i = \frac{1}{Ai_{max}} \times 100$。

4.4　港口工程填海项目集约水平评价

我们选取了可以分别表征岸线海域投资、平面设计、功能布局、运营管理等方面的指标，采用多指标综合评价法，对收集的港口类项目从岸线集约和海域集约两个方面进行评价。对于堆场和预留地，我们重点采用单指标进行评价，反映样点的实际用海情况。

通过对岸线、海域、堆场和预留地等的集约情况评价，验证已有的指标，并试图发现项目用海规模、平面设计方式、功能设置、海域等别、南北海域自然属性等对集约用海的影响和内在联系。

4.4.1　海岸线集约水平评价指标

海岸线集约的评价采用海岸线集约度指标 A，海岸线集约度表征用海项目的海岸线集约利用水平；对于海岸线的集约度，采用单位岸线填海面积（A1）、单位岸线形成泊位长度（A2）、单位岸线吞吐量（A3）三个指标的标准分值加总的数学平均表示。单位岸线填海面积和形成泊位长度代表用海项目岸线布置方式是否突出延长岸线、增加泊位长度的理念，单位岸线吞吐量是对岸线利用在经济是否集约的简单表现。

4.4.2　海域集约水平评价指标

海域集约利用评价采用海域集约度指标 B，该指标表征项目集约用海的综合水平。对于海域利用集约度，采用海域利用率（B1）、投资强度（B2）和单位填海面积吞吐量（B3）三个指标的标准分值加总的数学平均表示。海域利用率是项目总体平面布置是否集约的表现，投资强度是项目投入是否充分的表现，单位填海面积吞吐量是海域利用在经济上是否集约的表现。

4.4.3　堆场及预留地评价指标

堆场和预留地是港口项目重点用地区块，一般占有较大面积比例，因此单独进行评价。

对于堆场，采用堆场面积比例、单位堆场面积吞吐量等指标进行评价；对于预留地，采用预留地面积比例进行评价。

4.4.4　评价结果

从海岸线集约水平、海域集约水平和堆场及预留地情况三个方面，对港口工程填海项目集约水平评价结果进行阐述和分析。

4.4.4.1　海岸线集约水平

港口工程填海项目岸线集约水平共评价了 36 个样本点，采用公式 4.3.3 - 1 进行分析计算，所有项目计算结果见表 4.4.4.1 - 1。

通过计算结果可发现，若对各省岸线集约度求平均，北方港口项目的岸线集约利用程度较南方高（见表 4.4.4.1 - 2）。这是由于：一方面，所调查的样点相对仍然较少，不一定更全面地表现该省的岸线集约水平；另一方面，北方的水深条件相对较差，且多在渤海湾沿岸，多为淤泥质海岸类型，为营造港口泊位岸线必须采用突堤式的建造方式，无形中延长了岸线长度；而南方的水深条件相对较好，多为基岩岸，无须采用突堤的方式，只需顺岸填海，将海岸整理成可以满足港口泊位要求的形式，无形中加大了岸线截湾取直的可能，将岸线变"短"了。图 4.4.4.1 - 1 中给出了南、北方典型的项目平面布置图，可以更加清晰直观地看出区别。

表 4.4.1-1　港口工程填海项目岸线集约水平评价结果

序号	项目名称	区位	占用岸线（米）	单位岸线填海面积（公顷/米）A1	单位岸线形成泊位长度 A2	单位岸线吞吐量（万吨/米）A3	岸线集约度（%）A
1	×××港区通用杂货泊位	辽宁	1100.00	0.0682	0.8282	0.3182	21.58
2	×××港北岸集装箱物流中心工程	辽宁	7127.00	0.0438	—	—	25.21
3	×××港区3号,4号,5号散杂泊位	辽宁	392.25	0.1236	1.8306	0.9943	44.87
4	×××港一期工程迁建工程项目	辽宁	978.60	0.0472	0.4251	0.0971	12.87
5	×××港矿石,原辅料及成品泊位工程项目	河北	855.00	0.1608	1.0000	4.0936	71.30
6	×××港液体石油化工品码头预留区	山东	600.00	0.0080	1.0000	—	4.60
7	×××港液体石油化工码头扩建工程	山东	319.00	0.0058	1.0000	0.2821	10.55
8	×××港液体石油化工品作业区1号,2号码头	山东	490.00	0.1017	1.0000	0.3980	29.88
9	×××港区货物回填工程	山东	734.80	0.0675	—	—	38.80
10	×××港区北作业区一期工程	山东	740.00	0.1141	1.0000	0.4722	43.51
11	×××大炼油工程大件运输件杂货码头项目	山东	180.00	0.1136	1.0000	—	32.77
12	×××港区构件预制厂填海工程	山东	550.00	0.0676	0.2109	—	21.69
13	×××港三突堤集装箱装卸工程	山东	1000.00	0.1047	1.2000	0.1500	29.86
14	×××港区顺岸码头工程	山东	775.00	0.0155	1.0000	0.6194	15.16
15	×××港三突堤41号,42号泊位工程	山东	120.00	0.0582	4.6667	2.5000	64.84
16	×××港区液体化工码头及货物回填工程	山东	460.00	0.0595	0.6522	0.4130	19.43
17	×××港区一期工程	山东	1780.00	0.0214	0.3652	0.7865	13.11
18	×××港货运码头工程	山东	772.00	0.0119	1.0000	0.3109	11.95
19	×××港货运码头工程	山东	280.00	0.1739	1.0000	0.5357	44.84

续表

序号	项目名称	区位	占用岸线（米）	单位岸线填海面积（公顷/米）A1	单位岸线形成泊位长度 A2	单位岸线吞吐量（万吨/米）A3	岸线集约度（%）A
20	×××港扩建二期7号、11号、12号泊位及护岸堆场	山东	619.00	0.0174	1.0000	0.3635	13.44
21	×××港区13号散货泊位工程	山东	286.00	0.0201	—	0.5420	12.39
22	×××新港建设工程	山东	600.00	0.0729	0.9250	0.2333	22.47
23	×××港区一期工程	广东	1400.00	0.0105	1.0000	—	13.73
24	×××港区二期工程	广东	2100.00	0.0248	0.6667	0.1143	10.45
25	×××港12号、13号泊位及13号泊位延长段	广东	816.00	0.0232	0.9988	0.6581	16.94
26	×××国际集装箱码头	广东	800.00	0.0430	—	0.1000	13.57
27	×××联运码头一期项目多用途码头工程	广东	969.00	0.0329	—	0.5624	10.89
28	×××石化码头	广东	1062.50	0.0000	—	1.1633	9.47
29	×××港区多用途码头工程	浙江	280.00	0.0294	0.6583	0.7250	17.31
30	×××千吨级配套专用码头工程项目	浙江	120	0.0132	0.8259	0.2208	9.03
31	×××集装箱码头工程项目	浙江	2148.00	0.0230	—	0.1164	11.26
32	×××物流中转基地项目	浙江	447.00	0.0149	—	—	8.58
33	×××能源物品物流项目	浙江	700.00	0.0150	—	1.0000	16.53
34	×××物资仓储中心及码头工程	浙江	410.00	0.0265	0.5122	0.4390	12.30
35	×××港煤炭中转码头工程	浙江	2400.00	0.0200	1.0000	0.5032	11.52
36	×××港区液体散货泊位工程项目	广西	310.00	0.1155	1.0000	0.5032	33.38
	平均值		964.48	0.0519	1.0306	0.6683	22.22

注：表格内"—"表示该项目调查时表格数据填写不完整，无法通过所填表格计算该指标数值。

表 4.4.4.1 - 2　各省岸线集约度平均值

序号	省份	样点数(个)	单位岸线形成泊位长度(m/m)	岸线集约度(%)
1	辽宁	4	1.0279	26.1301
2	山东	17	1.1443	25.2522
3	广东	6	0.8885	12.5087
4	浙江	7	0.6655	12.3608

图 4.4.4.1 -1　南北方码头岸线布置对比图

4.4.4.2　海域集约水平

港口工程填海项目海域集约水平共评价了 47 个样本点，采用公式 4.3.3 -1 进行分析计算，所有样本具体计算结果见表 4.4.4.2 -1。

表 4.4.4.2-1　港口工程项目调研项目海域集约度

序号	项目名称	区位	填海面积（公顷）	海域利用率（%）B1	投资强度（万元/公顷）B2	单位填海吞吐量（万吨/公顷）B3	海域集约度（%）B
1	×××港区通用杂货泊位	辽宁	75.00	66.7176	737.4046	4.6667	23.90
2	×××港北岸集装箱物流中心工程	辽宁	312.42	73.1889	729.9683	—	38.23
3	×××港区 3 号、4 号、5 号散杂泊位工程	辽宁	48.48	76.7538	1502.9478	8.0435	28.49
4	×××港一期工程迁建工程项目	辽宁	46.15	79.2944	605.1527	2.0581	27.69
5	×××港矿石、原辅料及成品油泊位工程项目	河北	137.4937	85.0221	3054.6854	25.4557	35.05
6	×××港区港作船舶泊位工程	山东	1.796	—	3316.5033	—	9.91
7	×××港液体石油化工码头扩建工程	山东	1.85	—	5493.9730	48.6486	17.52
8	×××港液体石油化工品作业区 1 号、2 号码头	山东	49.84	40.1807	892.7374	3.9125	2.08
9	×××港区通用泊位和工作船码头工程	山东	4.82	—	1970.3320	30.0830	5.80
10	×××港木片码头续建工程	山东	1.16	—	33 454.7804	—	33.33
11	×××港区集装箱码头一期工程	山东	105.80	65.0284	944.4991	27.8733	26.49
12	×××港区货物回填工程	山东	49.57	98.5296	1008.4915	—	51.51
13	×××港区北作业区一期工程	山东	84.40	40.1807	2299.6090	—	23.83
14	×××大炼油工程大件运输杂货码头项目	山东	20.45	—	352.0782	4.1565	1.32
15	×××港区构件预制厂填海工程	山东	37.17	78.2826	178.9471	—	39.99
16	×××港三突堤集装箱码头工程	山东	104.66	82.9830	24 259.5070	1.4332	52.43
17	×××港区顺岸码头工程	山东	12.01	59.1202	1385.4375	39.9667	26.48
18	×××港三突堤 41 号、42 号泊位工程	山东	6.982	90.7216	6041.2371	42.9676	42.19

续表

序号	项目名称	区位	填海面积（公顷）	海域利用率（%）B1	投资强度（万元/公顷）B2	单位填海吞吐量（万吨/公顷）B3	海域集约度（%）B
19	××港区液体化工码头及货物回填工程	山东	27.37	73.7926	2586.3959	6.9409	28.43
20	××港区一期工程	山东	38.02	64.3850	3058.2853	36.8227	29.52
21	××港货运码头工程	山东	9.15	—	655.3152	26.2126	5.99
22	××港货运码头工程	山东	48.69	—	259.6899	3.0807	0.98
23	××港扩建二期填海工程7号、11号、12号泊位及护岸堆场	山东	10.77	—	2573.1523	20.8914	7.84
24	××港区13号散货泊位工程	山东	5.743	—	1012.9359	26.9861	6.68
25	××港扩建工程	山东	74.35	78.0010	—	—	26.39
26	××新港建设工程	山东	43.72	78.1107	715.5306	3.2022	27.55
27	××港区一期工程	广东	14.70	66.9341	1430.8013	—	36.10
28	××港区二期工程	广东	52.07	56.9226	2382.6610	4.6092	22.22
29	××港12号、13号泊位及13号泊位延长段	广东	18.91	53.7651	4229.3134	28.3893	26.02
30	××国际集装箱码头项目	广东	34.37	47.9838	3303.5262	2.3276	19.82
31	××码头及配套设施项目	广东	11.47	—	6053.2738	261.4379	59.05
32	××联运码头一期项目多用途码头工程	广东	31.89	69.6513	2444.2844	17.0852	28.18
33	××石化码头	广东	—	52.4465	8226.2997	—	38.91
34	××湾游艇码头项目	广东	2.78	—	289.2896	—	0.86
35	××港区五期集装箱码头工程	浙江	9.73	—	1745.2007	20.8633	6.60

续表

序号	项目名称	区位	填海面积（公顷）	海域利用率（%）B1	投资强度（万元/公顷）B2	单位填海吞吐量（万吨/公顷）B3	海域集约度（%）B
36	×××港区多用途码头工程	浙江	8.23	38.4615	2429.1498	24.6659	18.58
37	×××千吨级配套专用码头工程项目	浙江	1.58	75.9874	595.8926	16.7457	28.44
38	×××集装箱码头工程项目	浙江	49.46	71.4954	2594.3597	5.0546	27.42
39	×××物流中转基地项目	浙江	6.66	—	2100.3991	—	6.28
40	×××物流中转基地项目	浙江	34.66	—	1442.3063	—	4.31
41	×××能源油品物流项目	浙江	10.4993	—	19 029.8401	66.6711	41.19
42	×××能源油品物流项目二期	浙江	11.3755	—	3177.0032	79.4690	19.95
43	×××物资仓储中心及码头工程	浙江	10.8464	48.6318	1161.6758	16.5954	19.73
44	×××煤炭中转码头工程	浙江	48.09	—	5754.2109	—	17.20
45	×××港整箱作业区项目	广西	38.73	67.4413	205.3189	2.5820	23.35
46	×××港铁路集装箱装箱作业区项目	广西	47.4694	63.4514	195.0730	2.5279	21.98
47	×××港区液体散货泊位工程项目	广西	35.7982	85.7585	471.7276	4.3578	30.04
	平均值		39.9388	68.5877	3659.8088	26.9642	23.74

注：表格内"—"表示该项目调查时表格数据填写不完整，无法通过所填表格计算该指标数值。

表4.4.4.2-2　各省海域集约度平均值

序号	省份	样点数(个)	海域利用率(%)	海域集约度(%)
1	辽宁	4	73.99	29.58
2	山东	21	73.56	22.20
3	广东	8	57.95	28.90
4	浙江	10	58.64	18.97
5	广西	3	72.22	25.12

从表4.4.4.2-2中可以看出,在海域利用率方面,山东、辽宁、广西几乎相当,约为73%;浙江、广东约为58%。在海域集约度方面,广东和辽宁省最高,保持在30%左右;广西、山东、浙江次之,保持在20%上下。

4.4.4.3　堆场及预留地情况

分别计算港口工程填海项目的堆场比例、单位堆场吞吐量和预留地面积比例,计算结果见表4.4.4.3-1。从表4.4.4.3-1中可以看出,堆场用地是项目面积的主体,最多达100%,最少的17.5%,大部分为60%,均值近65%;多数企业均未填写预留地指标,在填写的企业中,预留地比例均值约为18%,存在预留地面积过大的现象。比如山东省某港区北作业区一期工程,预留地面积将近60%,显然存在浪费海域的问题。

表4.4.4.3-1　港口工程调研企业堆场和预留地情况

序号	项目名称	区位	堆场比例(%)	单位堆场吞吐量(万吨/公顷)	预留地比例(%)
1	×××港区通用杂货泊位	辽宁	17.40	15.3509	—
2	×××港北岸集装箱物流中心工程	辽宁	70.05		3.24
3	×××港区3号、4号、5号散杂泊位工程	辽宁	55.69	14.4444	—
4	×××港一期工程迁建工程项目	辽宁	77.91	2.6416	—
5	×××港区通用泊位和工作船码头工程	山东	100.00	30.0830	
6	×××港木片码头续建工程	山东	100.00	6590.8699	0.00
7	×××港区集装箱码头一期工程	山东	65.03	42.8634	—
8	×××区货物回填工程	山东	97.28	—	
9	×××港区北作业区一期工程	山东	38.86	—	53.79
10	×××大炼油工程大件运输件杂货码头项目	山东	100.00	4.1565	0.00
11	×××港区构件预制厂填海工程	山东	78.01	—	
12	×××港三突堤集装箱码头工程	山东	80.26	1.7857	—

序号	项目名称	区位	堆场比例（％）	单位堆场吞吐量（万吨/公顷）	预留地比例（％）
13	×××港区顺岸码头工程	山东	55.54	19.2000	—
14	×××港三突堤 41 号、42 号泊位工程	山东	61.86	50.0000	—
15	×××港区液体化工码头及货物回填工程	山东	73.06	9.5000	—
16	×××港区一期工程	山东	64.39	36.8421	—
17	×××港扩建工程	山东	78.00	0.0000	8.07
18	×××新港建设工程	山东	76.28	4.1979	18.30
19	×××港区一期工程	广东	48.47	0.0000	10.00
20	×××港区二期工程	广东	31.10	3.2227	26.12
21	×××港 12 号、13 号泊位及 13 号泊位延长段	广东	53.77	52.8024	—
22	×××国际集装箱码头项目	广东	41.40	3.2600	3.44
23	×××联运码头一期项目多用途码头工程	广东	46.72	25.2315	—
24	×××石化码头	广东	—	—	30.58
25	×××港区北仑山多用途码头工程	浙江	33.29	27.4324	—
26	×××千吨级配套专用码头工程项目	浙江	75.99	22.0374	—
27	×××集装箱码头工程项目	浙江	54.72	1.8423	—
28	×××物资仓储中心及码头工程	浙江	27.66	60.0000	—
29	×××港整箱作业区项目	广西	67.13	3.8462	16.96
30	×××港铁路集装箱作业区项目	广西	63.20	4.0000	13.84
31	×××港区液体散货泊位	广西	83.80	5.2000	—
32	×××港矿石、原辅料及成品泊位工程项目	河北	72.66	35.0350	—
	平均值		**64.18**	**282.6338**	**18.43**

注：表格内"—"表示该项目调查时表格数据填写不完整，无法通过所填表格计算该指标数值。

4.5　船舶工业填海项目集约水平评价

本节采用多指标综合评价法，对收集的船舶工业项目从海岸线集约和海域集约两个方面进行评价。对于堆场和预留地，我们重点采用单指标进行评价，反映样点的实际用海情况。

通过对岸线、海域、堆场和预留地等的集约情况评价，验证已有的指标，并试图发现项目用海规模、平面设计方式、功能设置、海域等别、南北海域自然属性等对集约用海的影响和内在联系。

4.5.1 海岸线集约水平评价指标

海岸线集约的评价采用岸线集约度指标 A，海岸线集约度表征用海项目的海岸线集约利用水平；对于海岸线的集约度，采用单位岸线填海面积（A1）、单位岸线形成泊位个数（A2）、单位岸线产值（A3）三个指标的标准分值加总的数学平均表示。单位岸线填海面积和形成泊位个数代表用海项目岸线布置方式是否突出延长岸线、增加泊位个数和提高岸线使用效率的理念，单位岸线产值是对岸线利用在经济是否集约的简单表现。

4.5.2 海域集约水平评价指标

海域集约利用评价采用海域集约度指标 B，该指标表征项目集约用海的综合水平。对于海域利用集约度，采用海域利用效率（B1）、投资强度（B2）和单位填海面积产值（B3）三个指标的标准分值加总的数学平均表示。海域利用率是项目总体平面布置是否集约的表现，投资强度是项目投入是否充分的表现，单位填海面积产值是海域利用在经济上是否集约的表现。

4.5.3 堆场及预留地评价指标

堆场和预留地是船舶工业项目重点用地区块，一般占有较大面积比例，因此单独进行评价。

对于堆场，采用堆场面积比例、单位堆场面积吞吐量等指标进行评价；对于预留地，采用预留地面积比例进行评价。

4.5.4 评价结果

从海岸线集约水平、海域集约水平和堆场及预留地情况三个方面，对船舶工业填海项目集约水平评价结果进行阐述和分析。

4.5.4.1 海岸线集约水平

船舶工业填海项目岸线集约水平共评价了 20 个样本，采用公式4.3.3 −1进行分析计算，所有项目计算结果见表4.5.4.1 −1。

表 4.5.4.1-1 船舶工业项目岸线集约水平评价结果

序号	项目名称	区位	占用岸线（米）	单位岸线填海面积（公顷/米）A1	单位岸线形成泊位个数（个/千米）A2	单位岸线产值（万元/米）A3	岸线集约度（%）A
1	×××修船建设项目	辽宁	2210	0.0220	—	68.0769	16.40
2	×××造船工业有限公司造船基地项目	辽宁	1955	0.0104	1.5	539.0026	44.62
3	×××20万载重吨/年船舶制造项目	辽宁	602	0.1088	3.3	205.9801	63.61
	辽宁省平均值		1589	0.0471	2.4	271.0199	41.54
4	×××船业有限公司	山东	180	0.0086	5.6	205.7222	44.68
5	×××船厂建设项目	山东	600	0.0473	5.0	—	61.30
6	×××船厂整体搬迁扩建工程	山东	1705	0.0182	—	158.3578	23.04
7	×××船业	山东	1260	0.0199	—	1.0102	9.24
8	×××重工业有限公司	山东	1900	0.0140	—	24.5279	8.72
	山东省平均值		1129	0.0216	5.3	97.4045	29.40
9	×××特种船舶修造项目	浙江	2700	0.0159	2.2	—	24.90
10	×××8万吨造船基地建设项目	浙江	295	0.0121	3.4	112.9932	28.58
11	×××配套工程建设项目	浙江	988	0.0101	—	—	9.24
12	×××船业有限公司技术改造项目	浙江	1299.93	0.0276	4.6	49.22	49.22
13	×××修船基地建设项目	浙江	1205	0.0037	2.5	—	21.40
14	×××船业有限公司船舶建造及码头建设项目	浙江	450	0.0039	2.2	58.2111	16.53

续表

序号	项目名称	区位	占用岸线（米）	单位岸线填海面积（公顷/米）A1	单位岸线形成泊位个数（个/千米）A2	单位岸线产值（万元/米）A3	岸线集约度（%）A
15	××船舶建造项目	浙江	240	0.0053	—	83.3333	10.15
16	××船台、码头	浙江	750	0.0008	0.0027	19.2293	15.51
17	××船舶建造一期工程	浙江	736	0.0220	0.0027	163.0435	31.15
18	××船业有限公司造船基地建设项目	浙江	1300	0.0380	0.0031	5.2077	28.20
19	××造船有限公司二期扩建工程	浙江	950	0.0094	0.0063	421.0526	62.26
20	××新建船厂工程	浙江	466	0.0231	0.0021	85.8369	23.71
	浙江省平均值		948.3275	0.0143	0.0032	118.6135	26.74
	总平均值		1089.5965	0.0211	0.0034	143.4390	29.62

注：表格内"—"表示该项目调查时表格数据填写不完整，无法通过所填表格计算该指标数值。

各省岸线集约度平均值见表 4.5.4.1 - 2，由于所调查的样点相对较少，不一定全面地表现各省的岸线集约水平，仅从当前的结果来看，辽宁省单位岸线填海面积、单位岸线产值和岸线集约度均为最高值，岸线集约度达 41.54%，山东和浙江省次之，岸线集约度相对较低，为 29.40% 和 26.74%。

表 4.5.4.1 - 2　各省岸线集约度平均值

序号	省份	样点数(个)	单位岸线填海面积(公顷/米)	岸线集约度(%)
1	辽宁	3	0.0471	41.54
2	山东	5	0.0216	29.40
3	浙江	12	0.0143	26.74

4.5.4.2　海域集约水平

船舶工业填海项目海域集约水平共评价了 21 个样本点，采用公式 4.3.3 - 1 进行分析计算，海域集约度计算结果和各省海域集约度平均值见表 4.5.4.2 - 1 和表 4.5.4.2 - 2。

从表中可以看出，在海域利用率方面，所有项目平均值为 64.72%，其中山东省最高，达到 70.50%，其他三省次之，保持在 55% ~ 65% 之间。在单位填海面积产值方面，所有项目平均值为 13 075.9533 万元/公顷，其中辽宁省最高，浙江省次之，两者均在平均值之上；而山东和广东省低于平均值。在海域集约度方面，所有项目平均值为 48.26%，其中辽宁省最高，为 57.02%，广东省次之，两省均高于平均值；浙江和山东省较低，约为 45%。

表 4.5.4.2 – 1　船舶工业调研项目海域集约度

序号	项目名称	区位海域等	填海面积（公顷）	海域利用率（%）B1	投资强度（万元/公顷）B2	单位填海面积产值（万元/公顷）B3	海域集约度（%）B
1	××修船建设项目	辽宁	48.5131	71.16	4122.5978	3101.2242	59.19
2	××造船工业有限公司旅顺造船基地项目	辽宁	20.341	34.97	3488.9224	51 804.2377	73.12
3	××20万载重吨/年船舶制造项目	辽宁	65.52	73.61	1556.7766	1892.5519	38.75
	辽宁省平均值		44.79	59.91	3056.0989	18 932.6713	57.02
4	××船业有限公司	山东	1.547	—	—	23 936.6516	46.21
5	××船厂建设项目	山东	28.36	67.59	2183.5799	—	60.73
6	××船厂整体搬迁扩建工程	山东	31	77.99	1500.0000	8709.6774	44.17
7	××船舶制造基地二期工程	山东	9.6193	90.56	—	—	92.63
8	××船业	山东	25.0877	97.77	652.1338	50.7380	38.57
9	××重工业有限公司	山东	26.67	40.75	134.0408	1747.3941	16.09
10	××造修船基地	山东	238.94	48.34	2306.2654	1605.6115	35.93
	山东省平均值		51.60	70.50	1355.2040	7210.0145	45.48
11	××修船基地	广东	44.42	55.38	3322.7848	9680.3242	51.65
	广东省平均值		44.42	55.38	3322.7848	9680.3242	51.65
12	××8万吨造船基地项目	浙江	3.562	—	9.6131	9357.9450	9.15

续表

序号	项目名称	区位海域等	填海面积(公顷)	海域利用率(%) B1	投资强度(万元/公顷) B2	单位填海面积产值(万元/公顷) B3	海域集约度(%) B
13	××船业有限公司技术改造项目	浙江	35.8788	55.74	—	—	57.01
14	××修船基地建设项目	浙江	4.443	51.99	4173.2744	—	76.59
15	××船业有限公司船舶建造及码头建设项目	浙江	1.7607	53.79	2197.2366	14 877.6055	45.46
16	××船舶建造项目	浙江	1.2648	84.19	358.2688	15 812.7767	41.74
17	××船台、码头	浙江	0.6057	72.61	594.3536	23810.4672	44.82
18	××船舶建造一期工程	浙江	16.1585	59.98	3785.4591	7426.4319	55.46
19	××船业有限公司造船基地建设项目	浙江	49.42	67.36	31.1288	136.9891	23.30
20	××造船有限公司二期扩建工程	浙江	8.9633	75.07	1484.6306	44 626.4211	66.17
21	××新建船厂工程	浙江	10.7696	50.87	2135.6411	3714.1584	36.79
	浙江省平均值		15.47	63.51	1641.0673	14 970.3494	45.65
	总平均值		32.0402	64.72	1890.9282	13 075.9533	48.26

* 注：表格内"—"表示该项目调查时表格数据填写不完整，无法通过所填表格计算该指标数值。

表4.5.4.2-2　各省海域集约度平均值

序号	省份	样点数(个)	海域利用率(%)	单位填海面积产值(万元/公顷)	海域集约度(%)
1	辽宁	3	59.91	18 932.6712	57.02
2	山东	7	70.50	7210.0145	45.48
3	广东	1	55.38	9680.3242	51.65
4	浙江	10	63.51	14 970.3494	45.65

4.5.4.3　堆场及预留地情况

分别计算船舶工业填海项目的堆场比例、单位堆场产值和预留地面积比例，计算结果见表4.5.4.3-1。从计算结果中可以看出，堆场是船舶工业项目面积的主要部分，最多的为65.99%，最少的为6.33%，平均值为31.04%；在调查中，部分企业未填写预留地指标数据，在填写该数据的企业中，预留地比例均值约为7.02%，仅山东一个企业预留地比例为38.19%，其余企业均在19%以下，且部分企业无预留用地，说明船舶工业项目预留用地现象不明显，用海用地效率较高。

表4.5.4.3-1　船舶工业调研企业堆场和预留地情况

序号	项目名称	区位	堆场比例(%)	单位堆场产值(万元/公顷)	预留地比例(%)
1	×××修船建设项目	辽宁	62.88	4931.8167	—
2	×××造船工业有限公司造船基地项目	辽宁	17.54	32 020.6026	18.43
3	×××20万载重吨/年船舶制造项目	辽宁	34.20	5533.2441	15.26
4	×××船厂建设项目	山东	28.24	—	8.07
5	×××船厂整体搬迁扩建工程	山东	58.86	3276.3968	12.63
6	×××船业	山东	8.13	489.5769	0
7	×××重工业有限公司	山东	25.00	1397.8104	8.25
8	×××造修船基地	山东	12.57	10 143.9662	38.19
9	×××修船基地	广东	6.33	107 500	0
10	×××8万吨造船基地项目	浙江	—	13 760.8884	—
11	×××修船基地建设项目	浙江	19.15	—	—

序号	项目名称	区位	堆场比例（%）	单位堆场产值（万元/公顷）	预留地比例（%）
12	×××船业有限公司船舶建造及码头建设项目	浙江	17.49	4780.1095	0
13	×××船舶建造项目	浙江	54.64	3278.6885	1.79
14	×××船台、码头	浙江	65.99	721.6846	0
15	×××船舶建造一期工程	浙江	12.59	45 112.782	0
16	×××船业有限公司造船基地建设项目	浙江	40.48	201.4881	—
17	×××造船有限公司二期扩建工程	浙江	52.43	18 181.8182	0
18	×××新建船厂工程	浙江	11.14	33 333.3333	2.60
	平均值		**31.04**	**17 791.5129**	**7.02**

*注：表格内"—"表示该项目调查时表格数据填写不完整，无法通过所填表格计算该指标数值。

4.6　电力工业填海项目集约水平评价

本节采用多指标综合评价法，对收集的电力工业项目从岸线集约和海域集约两个方面进行评价。

通过对岸线和海域的集约情况评价，验证已有的指标，并试图发现项目用海规模、平面设计方式、功能设置、海域等别、南北海域自然属性等对集约用海的影响和内在联系。

4.6.1　海岸线集约水平评价指标

海岸线集约的评价采用海岸线集约度指标 A，海岸线集约度表征用海项目的岸线集约利用水平；对于海岸线的集约度，采用单位岸线填海面积（A1）、岸线使用率（A2）、单位岸线机组容量（A3）三个指标的标准分值加总的数学平均表示。单位岸线填海面积和岸线使用率代表用海项目岸线布置方式是否突出延长岸线、增加岸线使用率的理念，单位岸线机组容量是对岸线利用在经济上是否集约的简单表现。

4.6.2　海域集约水平评价指标

海域集约利用评价采用海域集约度指标 B，该指标表征项目集约用海的综合水平。对于海域利用集约度，采用海域利用效率（B1）、投资强度（B2）和单位填海面积机组容量（B3）三个指标的标准分值加总的数学平均表示。海域利用率是项目总体平面布置是否集约的表现，投资强度是项目投入是否充分的表现，单位填海面积机组容量是海域利用在经济上是否集约的表现。

4.6.3　评价结果

从海岸线集约水平和海域集约水平两个方面，对电力工业填海项目集约水平评价结果进行阐述和分析。

4.6.3.1　海岸线集约水平

电力工业填海项目海岸线集约水平共评价了 7 个样本，采用公式4.3.3－1进行分析计算，所有项目计算结果见表4.6.3.1－1。从结果可以看出，电力工业的岸线使用率非常低，这是由于电力工业填海项目大多数是为了获取土地，不需要使用大面积海域和较多的岸线，多数是取、排水口占用海域和岸线，或部分项目设有自己的运输码头，但码头也仅占用很短的岸线。所以综上看，电力工业应尽量减少占用岸线长度，增加陆域纵深。

由于调查的样点比较少，且数据不够完整，从各项指标值中还不足以完全说明电力工业岸线集约节约水平。从仅有的计算结果可以看出，对各省岸线集约度求平均（见表 4.6.3.1－2），浙江和广东省的岸线集约度较高，在 40%～50% 之间，而山东和福建省的岸线集约度相对较低，在 10%～20% 之间；此外，电厂的机组容量决定了厂区的占地面积和布置，从单位岸线机组容量（兆瓦/米）值可以看出，浙江省电厂数值相对较高，表现突出，广东省次之，山东和福建省最低。

表 4.6.3.1-1　电力工业项目岸线集约水平评价结果

序号	项目名称	区位海域等	占用岸线（米）	单位岸线填海面积（公顷/米） A1	岸线使用率% A2	单位岸线机组容量（兆瓦/米） A3	岸线集约度（%） A
1	×××核电厂	山东	8179.22	0.0073	1.77	0.3057	10.93
2	×××发电厂	广东	2953	0.0163	10.50	0.6773	45.16
3	×××电厂新建工程（2×100兆瓦）	浙江	1140	0.0657	0	1.7544	42.55
4	×××核电一期工程	福建	4560.2	0.0061	—	0.4776	8.45
5	×××核电一期工程项目	福建	—	0.0238	0	0.0754	12.46
6	×××热电厂项目用海方案调整	福建	1108.3	0.0566	—	0.5414	47.34
7	×××20兆瓦光伏发电项目	福建	1200	0.0001	—	0.0167	0.21
	平均值		3190.12	0.0251	3.0675	0.5498	23.87

注：表格内"—"表示该项目调查时表格数据填写不完整，无法通过所填表格计算该指标数值。

表 4.6.3.1 – 2　各省岸线集约度平均值

序号	省份	样点数（个）	单位岸线机组容量（兆瓦/米）	岸线集约度（%）
1	山东	1	0.3057	10.93
2	广东	1	0.6773	45.16
3	浙江	1	1.7544	42.55
4	福建	4	0.2778	17.12

4.6.3.2　海域集约水平

电力工业填海项目海域集约水平共评价了 11 个样本，采用公式 4.3.3 – 1 进行分析计算，海域集约度计算结果见表 4.6.3.2 – 1。从结果可以看出，电力工业海域利用率与其他产业相比普遍较低，分析原因主要是由于电厂存在先申请土地、后根据用电量需求而分期建设的情况，致使大面积土地未被使用。

由于评价的样点比较少，且数据不够完整，从各项指标值中还不足以完全说明电力工业海域集约节约水平。从表 4.6.3.2 – 2 中可以看出，在海域利用率方面，仅辽宁省超过 42%，其他省均在 40% 以下，海域利用率较低。在海域集约度方面，山东省最高，达 34.83%；福建省和辽宁省次之；浙江省和广东省较低，在 21% 左右；天津市最低，仅为 4.36%。

表 4.6.3.2－1　电力工业调研项目海域集约度

序号	项目名称	区位海域等	填海面积（公顷）	海域利用率（%）B1	投资强度（万元/公顷）B2	单位填海面积机组容量（兆瓦/公顷）B3	海域集约度（%）B
1	×××电厂新建工程	辽宁	59.35	42.11	—	20.2190	27.29
2	×××电厂项目	天津	144.7036	—	78.9936	13.8214	4.36
3	×××核电厂	山东	59.5775	—	18 285.3389	41.9622	34.83
4	×××核电三期扩建工程	广东	40.45	50.46	1226.9939	—	26.70
5	×××发电厂	广东	48.1	7.76	6143.7908	41.5800	16.04
6	×××电厂新建工程（2×100兆瓦）	浙江	74.8534	32.66	7778.8012	26.7189	22.59
7	×××核电一期工程	福建	28.04	43.50	15 047.1206	77.6748	42.48
8	×××核电一期工程项目	福建	126.18	21.92	41 765.7315	3.1701	41.29
9	×××热电厂项目用海方案调整	福建	62.7097	—	2818.0513	9.5679	6.32
10	×××20兆瓦光伏发电项目	福建	0.123 35	—	296.8723	162.1403	50.36
11	×××火电厂工程	福建	95.71	35.71	5878.9677	12.5379	19.17
	平均值		67.2543	3.45	49 241.6053	40.9393	26.49

注：表格内"—"表示该项目调查时表格数据填写不完整，无法通过所填表格计算该指标数值。

表 4.6.3.2-2 各省海域集约度平均值

序号	省份	样点数 （个）	海域利用率 （%）	单位填海面积 机组容量（兆瓦/公顷）	海域集约度 （%）
1	辽宁	1	42.11	20.2190	27.29
2	天津	1	—	13.8214	4.36
3	山东	1	—	41.9622	34.83
4	广东	2	29.11	26.7189	21.37
5	浙江	1	32.66	41.5800	22.59
6	福建	5	33.71	65.4802	31.92

注：表格内"—"表示该项目调查时表格数据填写不完整，无法通过所填表格计算该指标数值。

第五章　主要海洋产业集约用海存在的问题

通过对港口工程、电力工业、船舶工业、石化工业和其他工业等主要海洋产业典型案例分析和集约用海水平评价，总结分析出各主要海洋产业存在以下几方面的问题。

5.1　港口工程

1）港口建设项目多设有预留地，且部分企业预留地占地率比较高

例如：山东省某港有三个港区共 1100 公顷和正在建设的 7200 公顷的新港区。其中，前三个港区用地面积在全国港口行业中处于较低规模，但却实现约 4 亿吨的港口吞吐量，土地集约利用水平很高。但在全国港口同质化大发展时期，新港区当前乃至未来几年实际开发面积仅为 2700 公顷，大面积的土地资源将会空置。同样，广东省某港区为港口预留发展用地，一期工程预留地面积为 18.2 公顷，占一期陆域总面积的 10%，而二期工程陆域面积 26% 未建设，为港口发展预留。

2）港口堆场利用效率较低

港口项目填海面积主要用作货物堆场，因而堆场的利用方式和运营效率直接影响土地的集约利用程度。调研发现港口工程存在不同程度的堆场利用效率低下问题，主要表现为堆场面积过大，与码头岸线和货物吞吐量不匹配，部分堆场空置；集装箱堆存高度过低导致堆场面积需求过大；部分港口货物周转效率较低，造成货品滞留堆场时间过长，从而使得港口不断扩大堆场面积。例如，广东省某港某港区一、二期工程为

了集装箱装箱和分拆更便捷，减少倒箱次数，堆场设置空集装箱堆存 6 层高，而有货集装箱堆存 5 层高，降低了堆场的利用率，增大了堆场使用面积。此外，受经济形势的影响，烟台西港区等港口企业允许业主货物无限期堆存货场，而在新港口项目中建设大面积堆场，致使占地比率不断升高。

3）道路、停车场等配套功能占地比率比较大

例如，辽宁省某港某港区通用杂货泊位项目道路、停车场和绿地等配套功能模块面积达 42.7 公顷，占陆域总面积的 32.59%；港内道路按网格状布置，主干道宽 30 米，次干道宽 15 米，道路面积为 6.6 公顷。广东省某港某港区一期港区道路、停车场和绿地等配套功能模块面积达 42 公顷，占陆域总面积的 23.08%；二期工程布置 10 纵 3 横的 24 米或以上宽主干道（预留第二横向主干道）以及若干条 15 米宽的次干道和 7 ~ 9 米宽的支道，道路、停车场占陆域总面积的 13.31%。

4）部分港口在建设时，填海的平面设计不合理，没有增加新岸线，形成的泊位较少

例如，浙江省某港某港区五期集装箱码头工程占用岸线 1625 米，填海造地后形成 1325 米岸线，岸线利用效率小于 1。辽宁省某港某港区通用杂货泊位项目占用岸线长 1100 米，填海造地后新形成岸线仅为 911 米，岸线利用效率小于 1。广东省某港某港区一期工程，占用岸线 1400 米，填海区块岸线平直，新形成的岸线与占用岸线长度相同，没有增加岸线长度，也使得设置的泊位数受限。

5.2　电力工业

1）为后续建设预留大面积土地

例如，辽宁省某电厂规划建设三期共 4 台机组，由于经济大环境不好，用电量下滑，现只建设一期 2 台机组，但只运行 1 台机组，其余土地预留、空置，待用电量需求提高或经济发展形势趋好后，再考虑建设二、三期。山东省某核电有限公司核电项目规划建设 6 台百万千瓦级压水堆核

电机组，其中2台机组预留土地待以后建设，但配套生产辅助设施和厂前区建设均按照6台机组规划容量一次建设设置。广东省某发电厂项目，一次性申请土地，分期建设，规划建设6个发电机组，现在只建设一期2个发电机组，其余土地预留。

2）绿地面积和厂区景观面积较大，尤其是在办公区

例如，山东省某电厂厂区内建有大面积绿地，办公区设有大型喷泉景观，降低了土地的有效利用水平。广东省某发电厂项目在建筑物前后有大面积空地，绿地面积略大。

3）建筑物布置不合理，建筑层数少

例如，广东省某发电厂项目厂区建筑物布置不够紧凑和集中，且建筑楼层较低，多为1~3层，降低了土地利用效率。

4）灰渣场用地面积大，而目前灰渣畅销，尚不需要灰渣场

例如，山东省某电厂灰渣畅销，以招标方式售卖灰渣，灰渣常常未进灰场就直接销售出去，使得面积0.2公顷，容量为2500万立方米的灰渣场闲置，实际利用程度很低。

5）火电发电厂贮煤场均设置较大面积，但使用率不高

6）占用岸线较长，岸线利用粗放，利用效率不高

主要表现在两个方面：①电力企业滨海厂址占用岸线普遍较长，但其多以取、排水方式开放式用海，岸线依赖程度较低；②电厂多设有自用码头，但受企业主营业务的限制，使用码头频度有限，造成占用岸线的码头闲置，且码头占用岸线较少，致使岸线利用效率不高。

例如，浙江省某电厂占用岸线1140米，仅取、排水占用极少数岸线，其余岸线均为开放式，岸线利用率非常低。广东省某发电厂项目岸线长度2953米，仅建设310米长码头，岸线利用率很低，为10.50%。浙江省某发电厂二期工程占用自然岸线1968米，仅修建一座2万吨级码头，岸线利用率很低。

5.3 船舶工业

1）预留地面积过大

例如，山东省某造修船基地项目填海造地 238.94 公顷，征用已有陆域面积 61 公顷，而为发展预留用地面积高达 114.90 公顷，占项目总用地面积的 38.19%，海域集约利用效率不高。辽宁省某造船工业有限公司造船基地项目陆域总面积 188 公顷，其中预留地 34.573 公顷，占陆域总面积的 18.39%。辽宁省某 20 万载重吨/年船舶制造项目预留地面积 10 公顷，占该项目陆域总面积的 15.26%。

2）绿地面积过大

根据机械工厂总平面及运输设计规范要求，工厂绿地率不宜小于 20%，修造船厂多按此要求设置绿地面积。

3）部分船厂自动化水平低，材料堆存凌乱，堆场面积过大

例如，辽宁省某小型船舶制造厂一、二期工程厂区内各种材料堆放无序分散，堆放高度较低，致使厂区内堆场面积过大，且利用率很低；此外，厂区内土地没有得到充分利用的同时，船厂职工汽车都停在厂区外公路上，占用公共用地。在对山东省某重工业有限公司船厂建设项目的调研过程中，发现厂区钢板堆场面积较大，钢板堆放高度较低且稍显凌乱。

4）填海的平面设计不合理，占用岸线较长，填海造地后没有增加新岸线，利用效率不高

例如，辽宁省某造船工业有限公司造船基地项目占用岸线长 1955 米，而形成新岸线长度 1710.5 米，岸线利用效率小于 1。

5.4 石化工业

1）为远期发展预留大面积土地

例如，辽宁省某液化天然气项目、辽宁省某石化有限公司项目和广东省某炼油项目因考虑企业将来发展，厂区内有大面积预留地未建设。

2）石化产业多设有自用码头，但受企业主营业务的限制，使用码头频度有限，造成占用岸线的码头闲置

例如，广东省某炼油项目码头前方作业带空置明显。

3）石化产业绿地、道路和停车场占地面积比率较大

例如，广东省某液化天然气应急调峰站项目和广东省某液化天然气项目等石化产业占地面积最大的为罐区和生产设备用地，约占总用地面积的50%，而道路和停车场用地约占总用地面积的40%。

5.5 其他工业

1）为远期发展预留土地和设施

例如，辽宁省某重工机械有限公司投资建设两个子项目，分为大、重型压力容器项目和50万吨/年金属表面防腐处理项目，2007年开始建设，由于受国际大环境影响，建设速度放缓。根据实地调研，厂区内除一间厂房及其他设施外，大部分处于荒地状态，集约利用效率很低。山东省某科技工业园有限公司喷织项目厂区内有一片未利用的填海预留地，且有部分荒地未开发，总计约2.3公顷。此外，厂区内还闲置一处两层高的车间。山东省某海洋重工有限公司海洋工程装备项目企业占地面积约57.334公顷，实际上得不到充分利用，企业实际有效利用的面积不足20公顷，仅为35%左右；而预留地面积占24%，绿地面积接近10%，另有18.3%为其他用途不明的土地占用。

2）建筑物楼层数少，建筑物前后多大面积空地，土地利用效率低

例如，山东省某科技工业园有限公司喷织项目厂区办公楼前有约1.6444公顷空地。厂区三个生产车间中有两个是双层建筑，一个是单层建筑，单层和双层的车间生产工艺相同，但双层车间建筑造价较贵，所以建设单层车间，因此占地面积增大。

3）道路宽度过宽，占用土地面积比率较高

例如，山东省某科技工业园有限公司喷织项目厂区内道路非常宽阔，主干道和厂房之间道路宽度约25米。

4）占用岸线较长，岸线利用粗放，利用效率不高

例如，山东省某海洋重工有限公司海洋工程装备项目填海采用了平推的设计方式，占用岸线1000米，其中自然岸线800多米。如采用突堤式或人工岛式的围填海方案，可节约大量自然岸线。

第六章　海洋产业填海项目
控制指标的设计

　　用海企业千差万别、复杂多样且影响海域使用面积的因素众多，海洋产业填海项目控制指标体系是否全面、科学、适宜，直接关系到集约用海水平和各用海企业的良好运行。因此，以有效合理控制为原则，在确定产业填海面积控制指标时，为了适应不同产业、不同类型建设用地需求和产业发展规律，可依据产业特点和管理要求，将围填用海产业划分为五种主要类型：港口工程用海、船舶工业用海、石化工业用海、电力工业用海、其他工业用海(包括水产品加工厂、钢铁厂及海上各类工厂等填海造地项目)。继而根据各产业的实际情况，以土地经济理论、海洋经济理论、区域性经济发展理论、工程经济理论、环境科学理论、建筑学理论为理论依据，以国家土地管理法、国家海域使用管理条例、围填海计划、海域使用论证、国家和地方有关海域使用的技术规范和标准为技术依据，结合海域集约利用的内涵和海域管理的需求，参照各省市建设用地集约利用控制标准和工业发展用地指南中的相关指标，建立控制指标体系。

6.1　指标的设计原则

　　控制指标的设计还要遵循以下几点原则。

　　(1)体现海域特色：既要与土地集约利用相关控制指标相衔接，又要从海域、海岸线两方面出发制定控制指标。

　　(2)普适性：体现各类产业用海的共性，可普遍应用。

　　(3)适用性：控制指标要易测算，且可反复比对。

6.2 指标的设计思路

海洋产业填海项目控制指标要从"集约用海"角度出发，体现项目用海面积尽量小，用海平面布置尽量合理紧凑，各功能区块面积比例合理，单位海域(海岸线)尽量多投入多产出，暂不考虑选址和环境影响。所以，本章通过对项目用海平面布局、用海结构、投入和产出三方面的考量设计了14 项控制指标，具体指标见表 6.2 – 1。

表 6.2 – 1　海洋产业填海项目控制指标设计思路

设计角度	布局、结构	投入	产出
控制指标	海域利用效率 岸线利用效率 道路占地比率 绿地率 行政办公及生活服务设施占地比例	单位面积投资强度 单位岸线投资强度 单位面积用海系数 单位岸线用海系数 容积率	单位面积产值 单位面积产能 单位岸线产值 单位面积产能

6.3 指标及其涵义

海洋产业填海项目控制指标是指在一定的生产工艺、规划设计、技术经济水平条件下，控制填海项目用海面积和使用海岸线长度的指标。主要包括以下 14 项指标。

6.3.1 海域利用效率

海域利用效率指项目有效利用的面积占项目用地和填海造地面积之和的比例。该指标反映产业对填海造地在平面上的利用状况，是衡量填海造地利用程度的重要指标。指标说明图释如图 6.3.1 – 1 和图 6.3.1 – 2 所示。

计算公式：海域利用效率 = 有效利用面积 ÷ (用地面积 + 填海造地面积) × 100%。

有效利用的面积等于各种建筑物、用于生产和直接为生产服务的构筑物、露天设备场、堆场、操作场用地面积之和。道路广场用地、绿地、预留地，景观设施用地、娱乐设施用地等不属于有效利用土地面积。

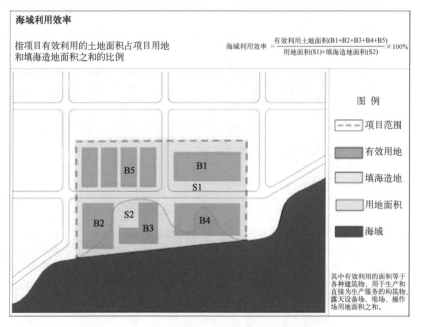

图6.3.1-1 既用地又填海项目海域利用效率图释

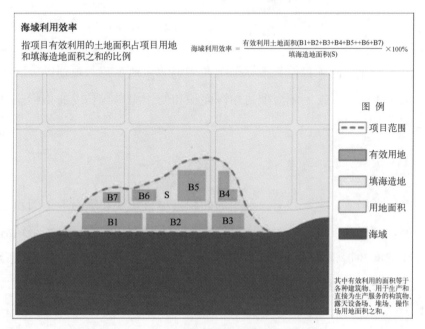

图6.3.1-2 只填海项目海域利用效率图释

6.3.2 岸线利用效率

岸线利用效率指填海造地形成的土地面积或新岸线长度与原海岸线长度的比值。该指标反映海岸线的利用状况，是反映项目用海是否集约利用岸线的控制指标。根据各产业用海特点，分为岸线利用型填海和造地型填海。指标说明图释如图 6.3.2-1 和图 6.3.2-2 所示。

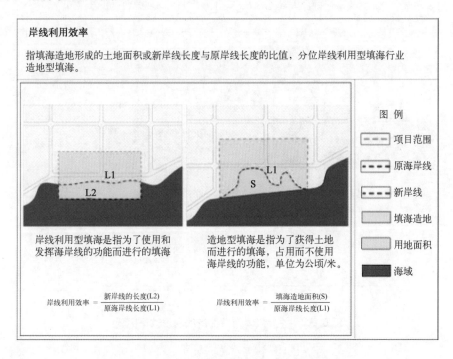

图 6.3.2-1 既用地又填海项目岸线利用效率图释

1）岸线利用型填海

指为了使用和发挥海岸线的功能而进行的填海。

计算公式：岸线利用效率＝新岸线长度÷原海岸线长度。

港口工程和船舶工业（海洋装备制造业）填海项目只计算岸线利用型岸线利用效率；而涉及建设码头等岸线利用的石化工业、电力工业和其他工业填海项目也计算岸线利用型岸线利用效率。

2）造地型填海

指为了获得土地而进行的填海，占用而不使用海岸线的功能。单位为公顷/米。

计算公式：岸线利用效率＝填海造地面积÷原海岸线长度。

港口工程和船舶工业（海洋装备制造业）填海项目不计算造地型岸线利用效率。

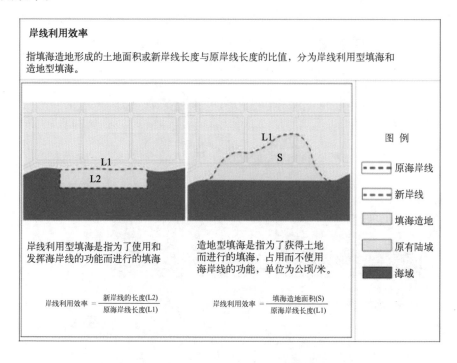

图 6.3.2－2　只填海项目岸线利用效率图释

6.3.3　单位面积用海系数

单位面积用海系数是指单位投资规模可申请填海的面积。其体现了海域集约化利用程度。

计算公式：单位面积用海系数＝填海造地面积÷投资规模

6.3.4　单位岸线用海系数

单位岸线用海系数是指单位投资规模可申请占用岸线的总长度。其体现了岸线集约化利用程度。

计算公式：单位岸线用海系数＝占用岸线长度÷投资规模

项目投资规模即项目总投资，见工程可行性研究报告里的总投资额。

6.3.5 单位面积投资强度

单位面积投资强度指项目用地范围内单位面积固定资产投资额。单位为万元/公顷。

计算公式：单位面积投资强度 = 项目固定资产总投资 ÷（用地面积 + 填海造地面积）。

项目固定资产总投资包括海域使用金、填海成本、土地出让金、基建成本和设施设备费等。

6.3.6 单位岸线投资强度

单位岸线投资强度指单位岸线长度的固定资产投资额。单位为万元/米。

计算公式：单位岸线投资强度 = 项目固定资产总投资 ÷ 占用岸线长度。

6.3.7 容积率

容积率指项目总建筑面积与项目用地和填海造地面积之和的比值。

计算公式：容积率 = 总建筑面积 ÷（用地面积 + 填海造地面积）。

6.3.8 行政办公及生活服务设施占地比例

行政办公及生活服务设施占地比例指项目行政办公及生活服务设施用地面积(或分摊用地面积)占项目用地和填海造地面积之和的比例。指标说明图释如图 6.3.8 - 1 和图 6.3.8 - 2 所示。

计算公式：行政办公及生活服务设施占地比例 = 行政办公、生活服务设施占用土地面积 ÷（用地面积 + 填海造地面积）× 100%。

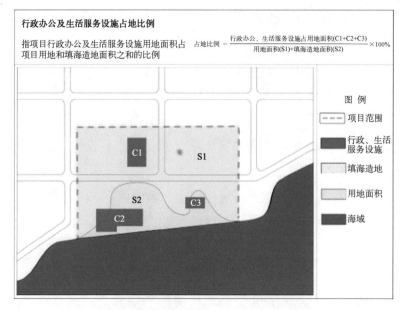

图6.3.8-1 既用地又填海项目行政办公及生活服务设施占地比例图释

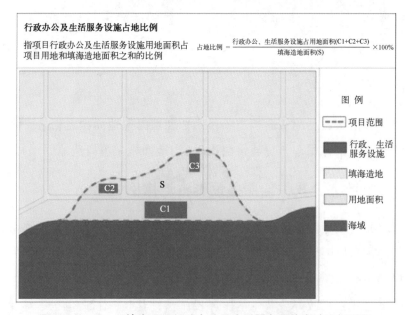

图6.3.8-2 只填海项目行政办公及生活服务设施占地比例图释

6.3.9 绿地率

绿地率指项目绿地面积占项目用地和填海造地面积之和的比例。指标说明图释如图6.3.9－1和图6.3.9－2所示。

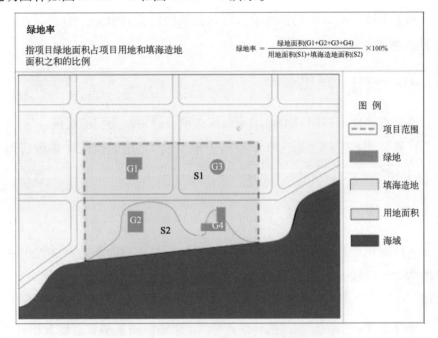

图6.3.9－1　既用地又填海项目绿地率图释

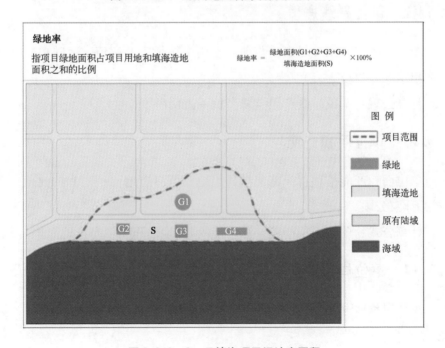

图6.3.9－2　只填海项目绿地率图释

计算公式：绿地率＝绿地面积÷（用地面积＋填海造地面积）×100%。

绿地率所指绿地面积包括项目用地范围内的公共绿地、防护绿地、建（构）筑物周边绿地等。

6.3.10　道路占地比率

道路占地比率指项目道路用地面积占项目总用地面积的比例。

计算公式：道路占地比率＝道路用地面积÷（用地面积＋填海造地面积）×100%。

6.3.11　单位面积产值

单位面积产值指项目产值与项目用地和填海造地面积之和的比值。反映单位面积海域的产出情况，是衡量海域产出水平的指标。单位为万元/公顷。

计算公式：单位面积产值＝总产值÷（用地面积＋填海造地面积）。

6.3.12　单位岸线产值

单位岸线产值指项目产值与项目占用岸线长度的比值。反映单位岸线的产出情况。单位为万元/米。

计算公式：单位岸线产值＝总产值÷占用岸线长度。

6.3.13　单位面积产能

单位面积产能指项目产能与项目用地和填海造地面积之和的比值。单位为万吨/公顷。

计算公式：单位面积产能＝总产能÷（用地面积＋填海造地面积）。

6.3.14　单位岸线产能

单位岸线产能指项目产能与项目占用岸线长度的比值。单位为万吨/米。

计算公式：单位岸线产能＝总产能÷占用岸线长度。

第七章 海洋产业填海项目控制
指标的测算及指标值的确定

海洋产业填海项目控制指标主要是为了解决当前在海域和岸线使用上普遍存在的粗放利用、闲置浪费问题，进一步推进海域和岸线的集约节约利用。指标可作为核定项目用海规模的重要依据，可应用到海域使用论证报告及其他用海项目有关法律文书等编制工作中。指标的应用将有利于提高海域的集约节约利用水平，大大提升海域管理能力，对项目用海面积的管理可实现制度化、定量化和主动式。

通过广泛征集专家意见以及辽宁、山东、浙江、广东4省12市的主要海洋产业用海项目的实地调研，最终研究确定了12项海洋产业填海项目控制指标，并根据调研数据测算了指标值。

7.1 测算方法

指标的测算主要采用统计分析方法，并结合技术经济分析、依据土地的指标进行推算和专家咨询等方法综合考量，最终确定指标值。

统计分析方法是在对不同项目海域使用现状调查的基础上，通过统计分析确定不同行业、不同类型及不同规模的项目所需的必要填海造地用海面积和占用岸线长度等，据此确定项目用海控制指标。该方法必须在调查并占有大量样本资料的基础上进行。

但是，传统的用以描述数据或数据分布特征的统计量在许多情况下都不具有很强的代表性，使得分析结果与实际不符，据此制定相关政策用于指导实践时，必定会产生不利于社会经济发展的情况。存在这一问题的原因在于，传统的统计方法对所研究问题数据服从正态分布的假定有着很强的依赖性，当真正的数据并不是或并不完全服从正态分布时，如果还按照传统的统计方法来描述我们所要研究的问题，就必定会产生偏差，有时这种偏差甚至非常大。然而从对经济、社会以及自然科学各种现象的实际问题和数据分析中发现，正态分布是一种理论上的分布，实际的数据至多是近似的正态分布，具体表现为正态分布有一定的偏斜。而这种偏斜可能会对统计量的稳健性产生致命的影响。如果某种统计方法对偏离正态假定的分布十分敏感，就不是稳健的统计方法。因此也就需要对传统的统计方法进行稳健化，需要有相对更准确地处理实际问题的方法的出现。于是我们采用了 Huber 提出的稳健统计方法，其定义为：一种稳健统计方法应该能够很好而且合理地处理假定模型；当模型有少许偏离时，其结果也应该只遭到少许破坏；当模型有较大的偏离时，结果也不应该遭到破坏性的影响。该方法利用 SPSS 的 Explore(探索性分析)进行操作。由于稳健统计方法不受实际数据是否服从正态分布条件的束缚，与传统的统计方法相比，具有更强的抵抗异常值影响的能力，更能够反映实际情况，成为人们处理各种问题的重要思想和工具。

7.2　数据来源

本次研究测算所采用的数据主要通过现场调查用海项目和收集项目相关资料来获取。收集的资料主要包括用海项目填报的相关数据调查表、项目总平面布置图、海域使用权证、建设用地规划许可证、建设项目选址意见书、项目批复和项目工程可行性研究报告等，并从中提取控制指标所涉及的相关数据。

7.3　指标测算

本次研究采用统计分析方法对所收集到的用海项目相关指标数据进行测算，以确定指标控制值。具体指标测算值和建议确定的控制值见表 7.3 - 1。

表 7.3 - 1　海洋产业填海项目控制指标测算值及建议控制值

控制指标 ＼ 产业类型		港口工程	船舶产业	石化产业	电力产业	其他工业
1. 海域利用效率	测算平均值	66.44%	64.72%	65.00%	40.14%	47.59%
	确定值	≥65%	≥65%	≥65%	≥55%	≥55%
2. 容积率	测算平均值	0.04	0.23	0.43	0.17	1.25
	确定值	—	—	≥0.5	≥0.5	≥0.7
3. 行政办公及生活服务设施占地比例	测算平均值	4.25%	2.75%	5.30%	2.07%	2.24%
	确定值	≤7%				
4. 绿地率	测算平均值	2.80%	6.55%	10.37%	4.09%	17.28%
	确定值	≤7%				
5. 道路占地比率	测算平均值	9.68%	9.22%	5.85%	9.53%	16.23%
	确定值	≤15%	≤15%	≤15%	≤10%	≤15%
6. 岸线利用效率	测算平均值	1.17	1.39	0.0501 (公顷/米)	0.0133 (公顷/米)	0.0458 (公顷/米)
	确定值	≥1.2	≥1.2	≥0.07(公顷/米)		
7. 单位面积用海系数	测算平均值 (平方米/万元)	9.80	3.34	11.28	0.82	4.07
	Hampel 估计值 (平方米/万元)	4.47	2.44	1.11	0.82	3.31
	确定值 (平方米/万元)	≤4.5	≤2.5	≤1.1	≤0.8	≤3.3
8. 单位岸线用海系数	测算平均值 (米/万元)	0.0164	0.0276	0.0302	0.0099	0.0052
	Hampel 估计值 (米/万元)	0.0125	0.0112	0.0032	0.0024	0.0047
	确定值 (米/百万元)	≤1.2	≤1.1	≤0.3	≤0.2	≤0.5
9. 单位面积产值	测算平均值 (万元/公顷)	1407.79	2915.61	8526.62	2714.36	—
	Hampel 估计值 (万元/公顷)	260.79	2390.70	3010.92	2353.06	
	确定值 (万元/公顷)	≥260	≥2300	≥3000	≥2300	

控制指标 \ 产业类型		港口工程	船舶产业	石化产业	电力产业	其他工业
10. 单位岸线产值	测算平均值（万元/米）	43.82	93.55	417.56	113.24	—
	Hampel 估计值（万元/米）	19.88	76.06	417.55	77.63	—
	确定值（万元/米）	≥20	≥75	≥410	≥75	
11. 单位面积产能	测算平均值（万吨/公顷）	25.16	0.66	10.65	—	—
	Hampel 估计值（万吨/公顷）	11.34	0.64	8.97	—	—
	确定值（万吨/公顷）	≥11.3	≥0.6	≥9.0	—	—
12. 单位岸线产能	测算平均值（万吨/米）	0.47	0.03	0.61	—	—
	Hampel 估计值（万吨/米）	0.38	0.03	0.21	—	—
	确定值（万吨/米）	≥0.4	≥0.1	≥0.2	—	—

7.3.1 海域利用效率

本节主要测算港口工程、船舶工业、电力工业、石化工业及其他工业等海洋产业填海项目海域利用效率指标值。

7.3.1.1 港口工程

港口工程填海项目的海域利用效率共测算了 28 个样本，其中辽宁省 4 个、山东省 14 个、广东省 6 个、浙江省 4 个，样本点分布效果如图 7.3.1.1-1 和图 7.3.1.1-2 所示。

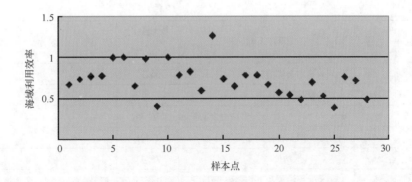

图 7.3.1.1 - 1　港口工程海域利用效率数值分布图

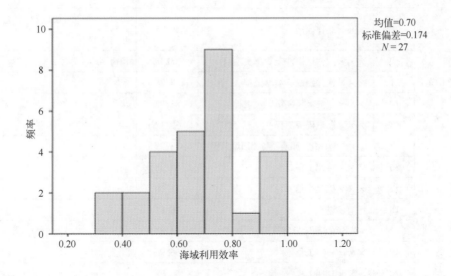

图 7.3.1.1 - 2　港口工程样本点海域利用效率直方图

　　图 7.3.1.1 - 1 显示样本点海域利用效率数值呈集中分布，多数集中在 0.6 ~ 0.8 之间，样本标准偏差较小，可用性较好。但是，对于海域利用率为 100% 的样本，经测算核实，其全部申请海域仅为港口项目的一部分，全部用于堆场建设，因此在计算均值时，剔除该类样点。港口工程 28 个样本海域利用效率具体测算见表 7.3.1.1 - 1。

表 7.3.1.1 -1　港口工程海域利用效率指标值测算

省份	序号	项目名称	海域利用效率(%)	备注
辽宁	1	×××通用杂货泊位	66.72	
	2	×××集装箱物流中心	73.19	
	3	×××3 号、4 号、5 号散杂泊位工程	76.75	
	4	×××一期工程迁建工程项目	77.21	
		平均值	**73.47**	
山东	5	×××通用泊位和工作船码头工程	100.00	填海 4.82 公顷,全为堆场
	6	×××木片码头续建工程	100.00	填海 1.161 公顷,全为堆场
	7	×××集装箱码头一期工程	65.03	
	8	×××货物回填工程	98.53	
	9	×××北作业区一期工程	40.18	填海 84.4 公顷,预留地 45.4 公顷
	10	×××大件运输件杂货码头项目	100.00	填海 20.45 公顷,全为堆场
	11	×××构件预制厂填海工程	78.28	
	12	×××三突堤集装箱码头工程	82.98	
	13	×××顺岸码头工程	59.12	
	15	×××液体化工码头及货物回填工程	73.79	
	16	×××一期工程	64.38	
	17	×××扩建工程	78.00	
	18	新港建设	78.11	
		平均值(剔除异常点后)	**71.84**	
广东	19	×××一期工程	66.93	
	20	×××二期工程	56.92	
	21	×××12 号、13 号泊位及 13 号泊位延长段	53.77	总用地 18.9 公顷,道路 7.68 公顷,比例过大
	22	×××集装箱码头项目	47.98	总用地 59.2 公顷,道路 12 公顷、预留地 13 公顷
	23	×××码头一期项目多用途码头工程	69.65	
	24	×××石化码头	52.45	总用地 6.54 公顷,预留 2 公顷,绿地 1.76 公顷
		平均值	**57.95**	

续表

省份	序号	项目名称	海域利用效率(%)	备注
浙江	25	×××多用途码头工程	38.46	
	26	×××千吨级配套专用码头工程项目	75.99	
	27	×××集装箱码头工程项目	71.50	
	28	×××物资仓储中心及码头工程	48.63	
		平均值	**58.64**	
四省总平均值(剔除异常点后)			**66.44**	

分析所得数据可见,港口工程海域利用效率存在微小的南北差异,北方利用率较高,南方较低。海域利用效率较低的主要原因是项目存在大面积的预留地,其次是有部分港口工程项目道路面积比例过大,如专业化集装箱码头多采用自动化程度较高的装卸设备,为满足设备的高效运转,道路面积在港区陆域面积中所占比例较大。

综上,港口工程项目的海域利用效率的指标数值具有集中分布规律,虽南北方存在微小差异,但该指标仍具有很好的可用性。建议港口工程项目中,对该指标控制值约束在60%~70%。

7.3.1.2 船舶工业

船舶工业填海项目的海域利用效率共测算了19个样本,其中辽宁省3个、山东省6个、广东省1个、浙江省9个,样本点分布效果如图7.3.1.2-1和图7.3.1.2-2所示。

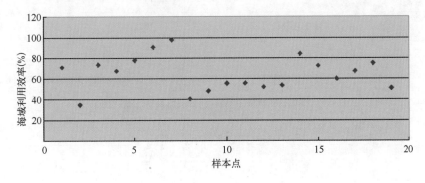

图7.3.1.2-1 船舶工业海域利用效率数值分布图

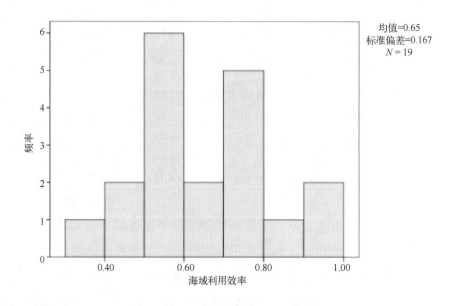

图 7.3.1.2 -2 船舶工业样点海域利用效率直方图

图 7.3.1.2 -1 显示样本点海域利用效率数值分布主要集 50% ~ 80% 之间，样本标准偏差较小，无明显异常点存在，数据可用性较强，可反映船舶工业的海域利用效率分布。19 个海域利用效率样本均有效，表 7.3.1.2 -1 给出了具体测算数值，并对偏大(小)的样本点给出了分析备注。

表 7.3.1.2 -1　船舶工业海域利用效率指标值测算

省份	序号	项目名称	海域利用效率(%)	备注
辽宁	1	×××修船建设项目	71.16	
	2	×××造船基地项目	34.97	总用地面积 187.5 公顷，内部预留 34.5 公顷，道路 61.9 公顷，绿地 20.6 公顷
	3	×××20 万载重吨/年船舶制造项目	73.61	
		平均值	**59.92**	

省份	序号	项目名称	海域利用效率(%)	备注
山东	4	×××船厂建设项目	67.59	
	5	×××整体搬迁扩建工程	77.99	
	6	×××船舶制造基地二期工程	90.56	填海9.61公顷,主要用于堆场
	7	×××船业	97.77	填海31.9公顷,厂房27.8公顷
	8	×××重工有限公司	40.75	总用地133公顷,预留24公顷,道路50公顷
	9	×××造修船基地	48.34	总用地300公顷,预留115公顷,道路42公顷,绿地48公顷
		平均值	**70.50**	
广东	10	×××修船基地	55.38	
		平均值	**55.38**	
浙江	11	×××船业有限公司技术改造项目	55.74	
	12	×××修船基地建设项目	51.99	
	13	×××船舶建造及码头建设项目	53.79	
	14	×××船舶建造项目	84.19	
	15	×××船台、码头	72.61	
	16	×××船舶建造一期工程	59.98	
	17	×××造船基地建设项目	67.36	
	18	×××造船有限公司二期扩建工程	75.07	
	19	×××新建船厂工程	50.87	
		平均值	**63.51**	
		四省总平均值	**64.72**	

对样点分析可知,船舶工业项目的海域利用效率南北差异不明显,各省的差异也不明显,且样点的数值分布较为集中,该指标仍具有很好的可用性。建议船舶工业项目的海域利用效率指标控制值约束在60%~70%。

7.3.1.3 电力工业

电力工业填海项目的海域利用效率共测算了10个样本,其中山东省3个、广东省2个、浙江省2个、福建省3个，样本点分布效果如图7.3.1.3-1和图7.3.1.3-2所示。

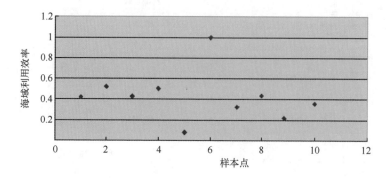

图7.3.1.3-1　电力工业海域利用效率数值分布图

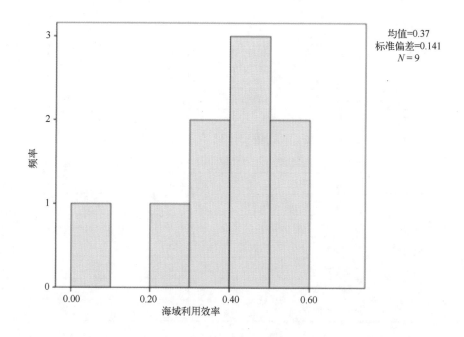

图7.3.1.3-2　电力工业样点海域利用效率直方图

图7.3.1.3-1显示样本点海域利用效率数值分布较为集中，主要集中在0.3~0.6之间，10个海域利用效率样本标准偏差较小，可用性较好。但是，有个别样本经测算核实，存在填写数据有误或不全的现象，因此在计算均值时剔除此种样点。具体测算见表7.3.1.3-1。

表 7.3.1.3 - 1　电力工业海域利用效率指标值测算

省份	序号	项目名称	海域利用效率(%)	备注
山东	1	×××核电厂	42.11	总用地 220 公顷,预留地 89 公顷
	2	×××一期(2×1000 兆瓦)机组工程项目	52.10	
	3	×××热电联产新建工程项目	42.67	总用地 25.8 公顷,绿地约 10 公顷
		平均值	**45.63**	
广东	4	×××核电三期扩建工程	50.46	
	5	×××发电厂	7.76	样本数据有误
		平均值(剔除异常点后)	**50.46**	
浙江	6	×××电厂用海	100.00	全部为堆场和厂房、行政办公用地,样本数据有误
	7	×××电厂新建工程(2×100 兆瓦)	32.66	尚未建成
		平均值(剔除异常点后)	**32.66**	
福建	8	×××核电一期工程	43.50	
	9	×××核电一期工程项目	21.92	总用地 126 公顷,绿地 31 公顷,其他用地面积未填
	10	×××火电厂工程	35.71	总用地 95.7 公顷,内部余留 28.4 公顷,道路绿地 12.3 公顷
		平均值(剔除异常点后)	**39.61**	
		四省总平均值(剔除异常点后)	**40.14**	

　　分析所得数据可见,电力工业项目的海域利用效率南北差异不明显,且样点的数值分布较为集中,但样点的数量稍显不足。此外,电厂的海域利用效率均较低,这是由于电厂普遍存在大面积的预留地,且绿地率比例较高。建议结合《工业项目建设用地控制指标》,将电力工业项目的海域利用效率指标控制值约束在50%~60%。

7.3.1.4　石化工业

　　石化工业填海项目的海域利用效率共测算了 10 个样本,其中辽宁省2个、山东省2个、广东省3个、浙江省3个，样本点分布效果如图7.3.1.4-1和图7.3.1.4-2所示。

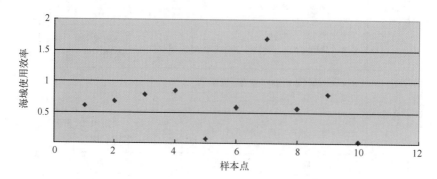

图7.3.1.4-1 石化工业海域利用效率数值分布图

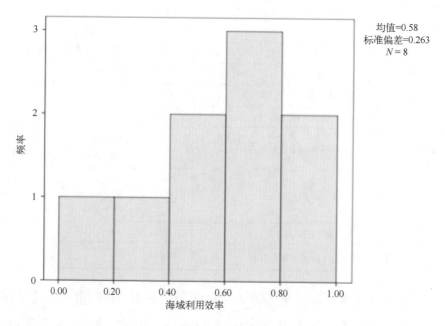

图7.3.1.4-2 石化工业样点海域利用效率直方图

图7.3.1.4-1到图7.3.1.4-2显示有样本点海域利用效率数值大于1，分布明显异常；有一样本点海域利用率仅为2.33%，经核查该表格填写有误，在计算平均时剔除上述两个样本点，保留剩余8个海域利用效率样本点，具体测算见表7.3.1.4-1。

表 7.3.1.4 - 1 石化工业海域利用效率指标值测算

省份	序号	项目名称	海域利用效率(%)	备注
辽宁	1	×××年产 50 万吨 PTA 项目	60.82	
	2	×××石化有限公司	68.00	
		平均值	**64.41**	
山东	3	×××液体化工有限公司液体化工码头项目	78.64	
	4	×××炼化公司排洪集水区项目	85.16	
		平均值	**81.90**	
广东	5	×××液化天然气项目	58.47	
	6	×××液化天然气应急调峰站	32.79	总用地 50 公顷,道路 7.6 公顷,绿地 6.2 公顷,预留 3 公顷
		平均值	**45.63**	
浙江	7	×××石化有限责任公司小干油库	56.65	
	8	×××燃料油转运码头及配套工程项目	79.50	
		平均值(剔除异常点后)	**68.08**	
四省总平均值(剔除异常点后)			**65.00**	

对样点分析可知,石化工业项目的海域利用效率南北差异不明显,省与省的差异并不大,且样点的数值分布较为集中,该指标具有很好的可用性。建议石化工业项目该指标控制值约束在 60% ~ 70%。

7.3.1.5 其他工业

其他工业填海项目的海域利用效率共测算了 7 个样本,其中辽宁省 4 个、山东省 2 个、浙江省 1 个,样本点分布效果如图 7.3.1.5 - 1 和图 7.3.1.5 - 2 所示。

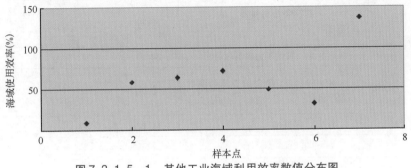

图 7.3.1.5 - 1 其他工业海域利用效率数值分布图

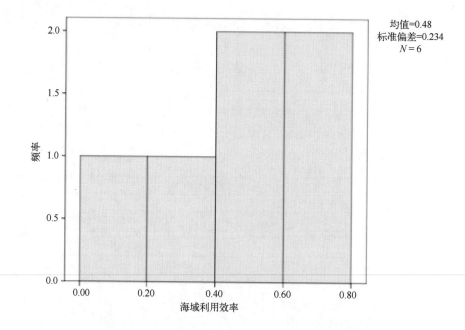

图7.3.1.5-2 其他工业样点海域利用效率直方图

图7.3.1.5-1显示有一个样本点海域利用效率数值大于1,分布明显异常,为错误样本,故剔除此样本点,保留剩余6个海域利用效率样本点。具体测算见表7.3.1.5-1。

表7.3.1.5-1 其他工业海域利用效率指标值测算

省份	序号	项目名称	海域利用效率(%)	备注
辽宁	1	×××海洋工程建设项目	8.86	未建设,填海119公顷,80公顷预留
	2	×××腐蚀防护材料及石油装备新建项目	58.82	
	3	×××大、重型压力容器项目	64.17	
	4	×××50万吨/年金属表面防腐处理项目	72.26	
		平均值	**51.03**	

省份	序号	项目名称	海域利用效率(%)	备注
山东	5	×××制造基地三期项目	49.39	总用地 21 公顷，绿地 4.8 公顷，预留地未统计
	6	×××海洋工程重型装备制造项目	32.05	总用地 57 公顷，预留地 13.79，山体 18 公顷
平均值			40.72	
两省总平均值			47.59	

虽然仅有6个调研样本，但可以看出，除个别样本外，样点的海域利用率数值呈集中分布。但是，由于部分项目存在大面积预留用地，致使其他工业项目的海域利用效率较低，且有一样点项目还未建设，应剔除该样点，这样测算的总平均值为 55.34%。所以在制定其他工业项目的海域利用效率指标控制值时，建议约束在 50% ~60%。

7.3.2 容积率

本节主要测算港口工程、船舶工业、电力工业、石化工业及其他工业等海洋产业填海项目容积率指标值。

7.3.2.1 港口工程

港口工程填海项目的容积率共测算了 16 个样本，其中辽宁省 4 个、山东省 8 个、广东省 3 个、浙江省 1 个，样本点分布效果如图 7.3.2.1 -1 和图 7.3.2.1 -2 所示。

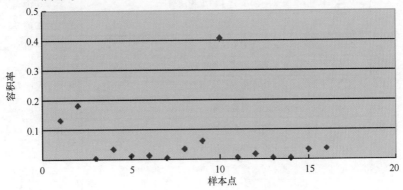

图 7.3.2.1 -1 港口工程容积率数值分布图

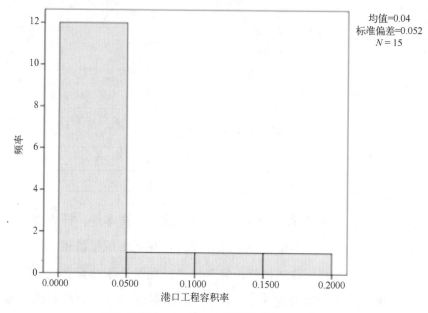

图 7.3.2.1-2　港口工程样点容积率直方图

图 7.3.2.1-1 显示样本点容积率数值分布存在一明显离散点,对容积率平均值的计算影响较大,因此予以剔除。所以 16 个海域利用效率样本中 15 个为有效样本,具体测算见表 7.3.2.1-1。

表 7.3.2.1-1　港口工程容积率指标值测算

省份	序号	项目名称	容积率
辽宁	1	×××通用杂货泊位	0.1324
	2	×××集装箱物流中心工程	0.1823
	3	×××3 号、4 号、5 号散杂泊位工程	0.0044
	4	×××一期工程迁建工程项目	0.0347
		平均值	**0.0885**
山东	5	×××货物回填工程	0.0125
	6	×××北作业区一期工程	0.0132
	7	×××构件预制厂填海工程	0.0054
	8	×××三突堤集装箱码头工程	0.0363
	9	×××顺岸码头工程	0.0622
	10	×××码头及货物回填工程	0.0073
	11	×××新港建设	0.0183
		平均值	**0.0222**

省份	序号	项目名称	容积率
广东	12	×××12号、13号泊位及13号泊位延长段	0.0051
	13	×××码头及配套设施项目	0.0054
	14	×××一期项目多用途码头工程	0.0334
	平均值		**0.0146**
浙江	15	×××集装箱码头工程项目	0.0369
	平均值		**0.0369**
总平均值			**0.0393**

通过调研数据可见，港口工程项目容积率80%都集中在0～0.0500之间。四省中，辽宁的港口工程项目容积率最高，其他三个省差距不大。

港口工程项目容积率差异性较大，不建议将该指标作为港口工程填海项目集约用海的控制性指标。

7.3.2.2 船舶工业

船舶工业填海项目的容积率共测算了19个样本，其中辽宁省3个、山东省5个、广东省1个、浙江省10个，样本点分布效果如图7.3.2.2-1和图7.3.2.2-2所示。

船舶工业容积率分布图(图7.3.2.2-1)显示，样本点数值分布存在一明显异常点，对容积率平均值的计算影响较大，因此予以剔除。所以19个容积率样本中18个为有效样本，具体测算见表7.3.2.2-1。

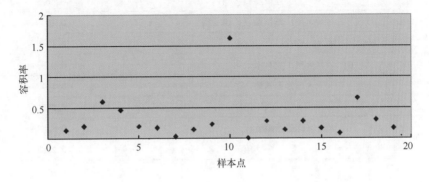

图7.3.2.2-1 船舶工业容积率数值分布图

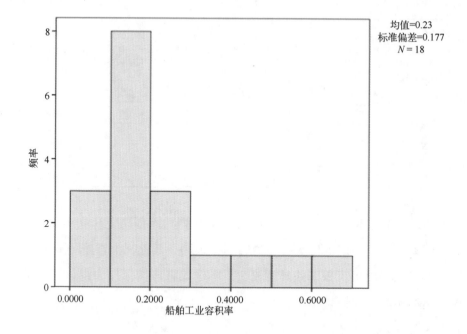

图7.3.2.2-2 船舶工业样点容积率直方图

表7.3.2.2-1 船舶工业容积率指标值测算

省份	序号	项目名称	容积率
辽宁	1	×××修船建设项目	0.1287
	2	×××造船基地项目	0.1955
	3	×××20万载重吨/年船舶制造项目	0.5986
		平均值	**0.3076**
山东	4	×××船厂建设项目	0.4632
	5	×××船厂整体搬迁扩建工程	0.1949
	6	×××船业	0.1719
	7	×××重工业有限公司	0.0283
	8	×××造修船基地	0.1447
		平均值	**0.2006**
广东	9	×××修船基地	0.2282
		平均值	**0.2282**

省份	序号	项目名称	容积率
浙江	10	×××8万吨造船基地项目	0.0050
	11	×××船业有限公司技术改造项目	0.2787
	12	×××修船基地建设项目	0.1395
	13	×××船舶建造及码头建设项目	0.2773
	14	×××船舶建造项目	0.1674
	15	×××船台、码头	0.0837
	16	×××船舶建造一期工程	0.6526
	17	×××造船有限公司二期扩建工程	0.3003
	18	×××新建船厂工程	0.1656
		平均值	**0.2300**
总平均值			**0.2347**

从测算值中可以看出，约77.8%样点容积率都集中在0~0.3之间，呈现集中分布的特征。南北差异不显著。但是，由于船舶工业填海项目用海用地的主体是港池、码头、码头作业带、船坞区和生产区等区块，而这些区块中，建筑物面积很少或不存在，所以容积率对船舶工业填海项目的集约用海程度影响不大，不建议该指标作为船舶工业填海项目集约用海的控制指标。

7.3.2.3 电力工业

电力工业填海项目的容积率共测算了7个样本，其中山东省2个、广东省2个、浙江省2个、福建省1个，样本点分布效果如图7.3.2.3-1和图7.3.2.3-2所示。

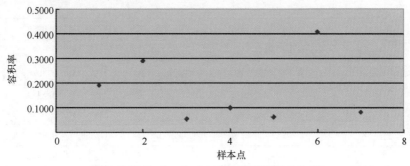

图7.3.2.3-1 电力工业容积率数值分布图

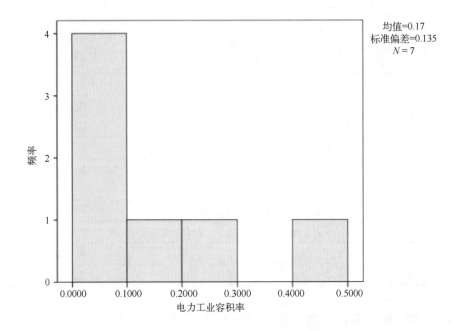

图7.3.2.3-2 电力工业样点容积率直方图

图7.3.2.3-1显示样本点容积率数值分布无明显异常点，所以7个容积率样本均为有效样本，具体测算见表7.3.2.3-1。

表7.3.2.3-1 电力工业容积率指标值测算

省份	序号	项目名称	容积率
山东	1	×××核电厂	0.1907
	2	×××电厂一期(2×1000)兆瓦机组工程项目	0.2903
		平均值	**0.2405**
广东	3	×××核电三期扩建工程	0.0533
	4	×××发电厂	0.0984
		平均值	**0.0759**
浙江	5	×××电厂用海	0.0621
	6	×××电厂新建工程(2×100兆瓦)	0.4078
		平均值	**0.2349**
福建	7	×××核电一期工程	0.0815
		平均值	**0.0815**
总平均值			**0.1692**

电力工业填海项目容积率的测算总平均值为0.1692，而土地的工业建设项目控制指标中的电力工业控制指标值大于或等于0.5，相比较可以看出，电力工业填海项目的容积率测算值较低。分析其主要原因：由于经济形势和用电需求量降低的影响，电厂都只先建设一期或较少的发电机组，而其他机组用地都预留未建设。所以，电厂都存在较大面积的预留地。还有部分电厂空置未建设。此外，调查发现，有部分电厂建筑物多为单层或少层，致使占地面积大，但总建筑面积并不大。这些原因都致使电力工业填海项目的容积率偏低，所以为了提高项目的集约用海用地程度，建议将该指标作为控制指标使用，并参考土地的《工业建设项目控制指标》中的电力工业容积率指标控制值，将电力工业填海项目的该指标控制值提升至大于0.5。

7.3.2.4 石化工业

石化工业填海项目的容积率共测算了5个样本，其中辽宁省2个、山东省1个、浙江省2个，样本点分布效果如图7.3.2.4-1和图7.3.2.4-2所示。

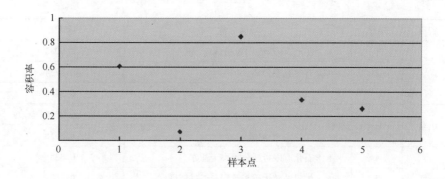

图7.3.2.4-1 石化工业容积率数值分布图

图7.3.2.4-1显示样本点容积率数值分布无明显异常点，所以5个容积率样本均为有效样本，具体测算见表7.3.2.4-1。

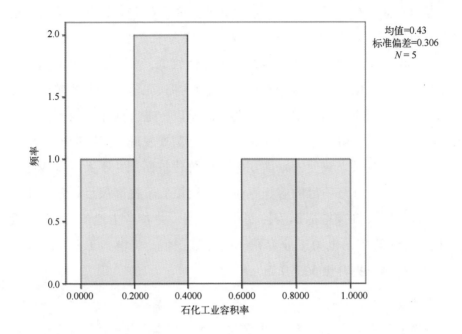

图 7.3.2.4-2　石化工业样点容积率直方图

表 7.3.2.4-1　石化工业容积率指标值测算

省份	序号	项目名称	容积率
辽宁	1	×××年产 50 万吨 PTA 项目	0.6082
	2	×××石化有限公司	0.0734
		平均值	**0.3408**
山东	3	×××炼化公司排洪集水区项目	0.8516
		平均值	**0.8516**
浙江	4	×××石化有限责任公司小干油库	0.3355
	5	×××燃料油转运码头及配套工程项目	0.2627
		平均值	**0.2991**
		总平均值	**0.4263**

　　石化工业填海项目容积率的测算总平均值为 0.4263，与《工业项目建设用地控制指标》相应行业的容积率指标控制值（≥0.5）接近。由于测算样本较少，且各项目之间数值有一定的差异，建议石化工业填海项

目该指标的控制值根据《工业项目建设用地控制指标》的指标控制值制定。

7.3.2.5 其他工业

其他工业填海项目的容积率共测算了 23 个样本，其中辽宁省 3 个、山东省 2 个、广东省 1 个、浙江省 17 个，样本点分布效果如图7.3.2.5 – 1和图 7.3.2.5 –2 所示。

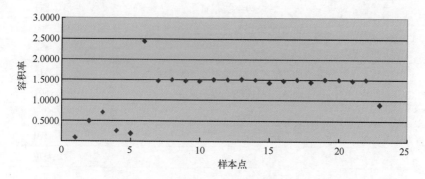

图 7.3.2.5 –1 其他工业容积率数值分布图

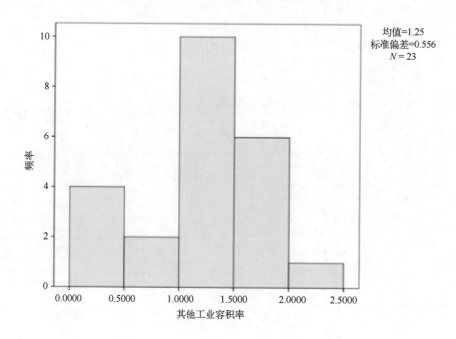

图 7.3.2.5 –2 其他工业样点容积率直方图

图 7.3.2.5 - 1 和图 7.3.2.5 - 2 显示样本点容积率数值分布无明显异常点，且多数样本容积率数值在 1.5 左右，有一定的规律可循，所以 23 个容积率样本均为有效样本，具体测算见表 7.3.2.5 - 1。

表 7.3.2.5 - 1　其他工业容积率指标值测算

省份	序号	项目名称	容积率
辽宁	1	×××海洋工程建设项目	0.0830
	2	×××大、重型压力容器项目	0.4877
	3	×××50万吨/年金属表面防腐处理项目	0.7000
		平均值	**0.4236**
山东	4	海洋石油工程×××制造基地三期项目	0.2513
	5	×××海洋工程重型装备制造项目	0.1891
		平均值	**0.2202**
广东	6	×××综合开发项目	2.4370
		平均值	**2.4370**
浙江	7	×××制药机械标准厂房	1.4714
	8	×××机械精加工中心	1.4989
	9	×××模具车床精密机械园	1.4736
	10	×××新能源装备工业园	1.4668
	11	×××水产品深加工基地	1.5010
	12	×××针织服装产业园	1.5000
	13	×××海洋生物产业园	1.5146
	14	×××粮油·水产品交易集散中心	1.4968
	15	×××工程塑料工业园	1.4300
	16	×××建筑机械标准厂房	1.4738
	17	×××电子汽车产业园	1.5000
	18	×××汽摩配标准厂房	1.4444
	19	×××机械电子工业园	1.5086
	20	×××食品加工园	1.5000
	21	×××制鞋机械标准厂房	1.4713
	22	×××包装机械标准厂房	1.4985
	23	×××海洋工程建造基地一期工程	0.8956
		平均值	**1.4497**
		总平均值	**1.2519**

从调研数据中可以看出，多数样点集中在 1.0 ~ 1.5 之间，呈现集中分布的特征。多数为浙江样点，且该部分样点值集中在 1.5 左右。从数值上可以看出，海洋工程制造业填海项目的容积率较低，是由于其生产性质与船舶工业相近，即建筑物较少，且厂房为单层结构，容积率对其集约用海用地的影响不大，所以将其归类到船舶工业中。这样，其他项目容积率的总平均值就变为 1.4408。此外，《工业项目建设用地控制指标》将其他行业的容积率指标控制值设定在大于或等于 0.7 到小于或等于 1.0 之间。我们建议参考《工业项目建设用地控制指标》来制定其他工业填海项目容积率指标控制值，将该指标值制定为大于等于 0.7。

7.3.3 行政办公及生活服务设施占地比例

本节主要测算港口工程、船舶工业、电力工业、石化工业及其他工业等海洋产业填海项目行政办公及生活服务设施占地比例指标值。

7.3.3.1 港口工程

港口工程填海项目的行政办公及生活服务设施占地比例共测算了 20 个样本，其中辽宁省 4 个、山东省 8 个、广东省 5 个、浙江省 3 个，样本点分布效果如图 7.3.3.1 - 1 和图 7.3.3.1 - 2 所示。

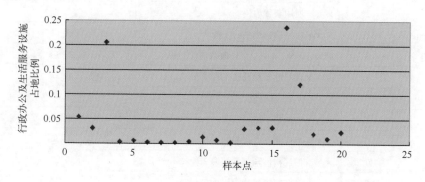

图 7.3.3.1 - 1　港口工程行政办公及生活服务设施占地比例数值分布图

图 7.3.3.1 - 1 显示样本点行政办公及生活服务设施占地比例数值大多分布在区间 0 ~ 0.05 之间，个别样本点数值大于 0.1。但样本数据分布跨度不大，因此接受所有样本为有效样本。具体测算见表 7.3.3.1 - 1。

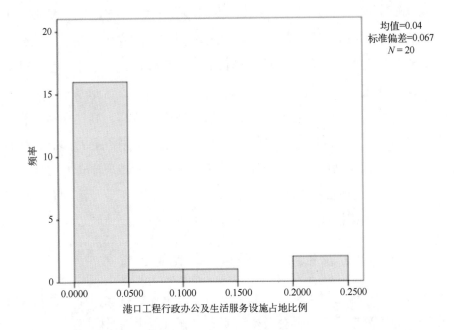

图 7.3.3.1-2　港口工程样点行政办公及生活服务设施占地比例直方图

表 7.3.3.1-1　港口工程行政办公及生活服务设施占地比例指标值测算

省份	序号	项目名称	行政办公及生活服务设施占地比例（%）
辽宁	1	×××通用杂货泊位	5.42
	2	×××集装箱物流中心工程	3.14
	3	×××3号、4号、5号散杂泊位工程	20.62
	4	×××港一期工程迁建工程项目	0.37
		平均值	**7.39**
山东	5	×××港区货物回填工程	0.65
	6	×××港北作业区一期工程	0.30
	7	×××港区构件预制厂填海工程	0.27
	8	×××港三突堤集装箱码头工程	0.24
	9	×××港区顺岸码头工程	0.47
	10	×××港三突堤41号、42号泊位工程	1.43
	11	×××港区液体化工码头及货物回填工程	0.73
	12	×××新港建设	0.23
		平均值	**0.54**

续表

省份	序号	项目名称	行政办公及生活服务设施占地比例(%)
广东	13	×××港区一期工程	3.08
	14	×××港区二期工程	3.31
	15	×××集装箱码头项目	3.37
	16	×××码头及配套设施项目	23.76
	17	×××码头一期项目多用途码头工程	12.11
		平均值	**9.13**
浙江	18	×××港区多用途码头工程	2.07
	19	×××集装箱码头工程项目	1.01
	20	×××物资仓储中心及码头工程	2.44
		平均值	**1.84**
		总平均值	**4.25**

从测算数据中可以看出，80%的样点集中在 0~0.05 之间，呈现集中分布的特征。山东最低，浙江、辽宁次之，广东最高。在调查中发现，存在个别企业行政办公生活设施用地过大的现象，如有些项目中此项比例超过了 20%，显然不符合集约用海的管理要求，因此也体现出尽快制定该项指标加以规范约束的必要。建议港口工程填海项目的该指标设定取值限制在 5% 左右。

7.3.3.2 船舶工业

船舶工业填海项目的行政办公及生活服务设施占地比例共测算了 19 个样本，其中辽宁省 3 个、山东省 5 个、广东省 1 个、浙江省 10 个，样本点分布效果如图 7.3.3.2-1 和图 7.3.3.2-2 所示。

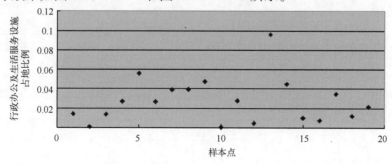

图 7.3.3.2-1　船舶工业行政办公及生活服务设施占地比例数值分布图

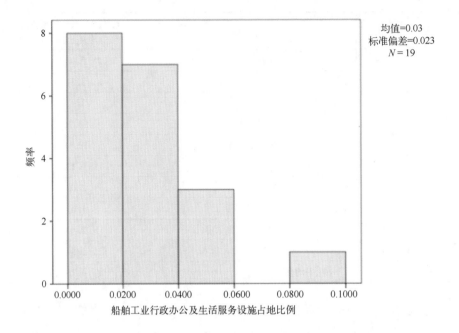

图 7.3.3.2 -2　船舶工业样本行政办公及生活服务设施占地比例直方图

　　图 7.3.3.2 - 1 显示样本点行政办公及生活服务设施占地比例数值分布合理，因此接受所有样本为有效样本。具体测算见表 7.3.3.2 - 1。

表 7.3.3.2 - 1　船舶工业行政办公及生活服务设施占地比例指标值测算

省份	序号	项目名称	行政办公及生活服务设施占地比例(%)
辽宁	1	×××修船建设项目	1.39
	2	×××造船基地项目	0.10
	3	×××20 万载重吨/年船舶制造项目	1.37
		平均值	**0.96**
山东	4	×××船厂建设项目	2.69
	5	×××船厂整体搬迁扩建工程	5.60
	6	×××船业	2.66
	7	×××重工业有限公司	3.89
	8	×××造修船基地	3.92
		平均值	**3.75**

续表

省份	序号	项目名称	行政办公及生活服务设施占地比例(%)
广东	9	×××修船基地	4.75
		平均值	**4.75**
浙江	10	×××8万吨造船基地项目	0.05
	11	×××船业有限公司技术改造项目	2.79
	12	×××修船基地建设项目	0.44
	13	×××船业有限公司船舶建造及码头建设项目	9.59
	14	×××船舶建造项目	4.48
	15	×××船台、码头	1.01
	16	×××船舶建造一期工程	0.73
	17	×××船业有限公司造船基地建设项目	3.44
	18	×××造船有限公司二期扩建工程	1.19
	19	×××新建船厂工程	2.14
		平均值	**2.59**
总平均值			**2.75**

从测算数据可以看出，船舶工业填海项目中该指标小于6%的占95%，小于4%的占80%，可见多数样点都集中在4%左右，样点的集中分布规律明显。其中，辽宁最小，其他三省差异性并不大。全部样点中该指标最高数值为9.59%，在制定船舶工业项目该指标控制值时，建议该值浮动在4%~5%，小于9%。

7.3.3.3 电力工业

电力工业填海项目的行政办公及生活服务设施占地比例共测算了6个样本，其中山东省2个、广东省2个、福建省2个，样本点分布效果如图7.3.3.3-1所示。

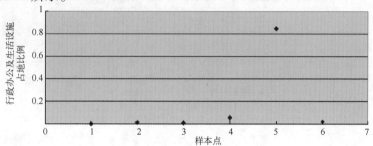

图7.3.3.3-1 电力工业行政办公及生活服务设施占地比例数值分布图

图7.3.3.3 - 1显示样本点行政办公及生活服务设施占地比例数值存在一明显异常点，会严重影响平均值的计算，因此予以剔除。接受其余5个样本点为有效样本。具体测算见表7.3.3.3 - 1。

表7.3.3.3 - 1　电力工业行政办公及生活服务设施占地比例指标值测算

省份	序号	项目名称	行政办公及生活服务设施占地比例(%)
山东	1	×××核电厂	0.09
	2	×××电厂一期(2×1000兆瓦)机组工程项目	1.45
广东	3	×××核电三期扩建工程	1.07
	4	×××发电厂	5.69
福建	5	×××核电一期工程	2.05
总平均值			**2.07**

样点中小于5%的有4个，占80%，仅有一个高于5%。样点仅有5个有效数据，在制定电力工业填海项目该指标控制值时，建议参照《工业项目建设用地控制指标》的相关指标控制值，要求不能超过7%。

7.3.3.4　石化工业

石化工业填海项目的行政办公及生活服务设施占地比例共测算了13个样本，其中辽宁省2个、山东省3个、广东省3个、浙江省5个，样本点分布效果如图7.3.3.4 - 1和图7.3.3.4 - 2所示。

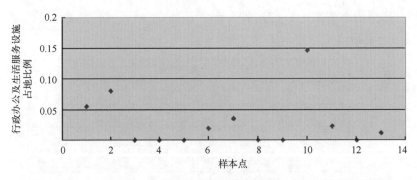

图7.3.3.4 -1　石化工业行政办公及生活服务设施占地比例数值分布图

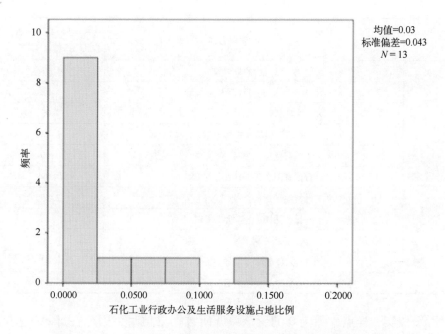

图 7.3.3.4 −2　石化工业行政办公及生活服务设施占地比例直方图

　　图 7.3.3.4 −1 显示样本点行政办公及生活服务设施占地比例数值分布合理。无明显异常点，因此全部接受 13 个样本点为有效样本。具体测算见表 7.3.3.4 −1。

表 7.3.3.4 −1　石化工业行政办公及生活服务设施占地比例指标值测算

省份	序号	项目名称	行政办公及生活服务设施占地比例(%)
辽宁	1	×××石化有限公司年产 50 万吨 PTA 项目	5.52
	2	×××石化有限公司	8.07
		平均值	**6.79**
山东	3	×××液体化工有限公司液体化工码头项目	0
	4	×××液体仓储有限公司(2×3 万载重吨)码头泊位工程	0
	5	×××炼化公司排洪集水区项目	0
		平均值	**0**

续表

省份	序号	项目名称	行政办公及生活服务设施占地比例(%)
广东	6	×××液化天然气应急调峰站	1.91
	7	×××液化天然气项目(迭福站填海)	3.52
	8	×××炼油项目	0.00
		平均值(剔除异常样点后)	**2.72**
浙江	9	×××能源石化储运项目	0.00
	10	×××石化有限责任公司小干油库	14.64
	11	×××燃料油转运码头及配套工程项目	2.25
	12	×××石化公司园山燃料油库码头工程	1.16
	13	×××建造基地一期工程	0.00
		平均值(剔除异常样点后)	**6.02**
		总平均值(剔除异常样点后)	**5.30**

经核实,样点中值为0的属该项调研数据未填写,因此在计算平均时可将此类数据剔除。剔除后剩余7个样点,7个样点的平均值为5.30%,样点数值的分布基本集中,一定程度上反映了该产业的该指标规律性。在石化工业填海项目该指标制定时,建议控制值设定限制在5%~6%。

7.3.3.5 其他工业

其他工业填海项目的行政办公及生活服务设施占地比例共测算了5个样本,其中辽宁省2个、山东省2个、浙江省1个,样本点分布效果如图7.3.3.5-1所示。

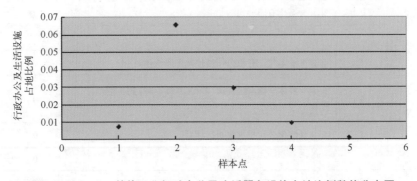

图7.3.3.5-1 其他工业行政办公及生活服务设施占地比例数值分布图

图 7.3.3.5 - 1 显示样本点行政办公及生活服务设施占地比例数值分布合理。无明显异常点，因此全部接受 5 个样本点为有效样本。具体测算见表 7.3.3.5 - 1。

表 7.3.3.5 - 1　其他工业行政办公及生活服务设施占地比例指标值测算

省份	序号	项目名称	行政办公及生活服务设施占地比例(%)
辽宁	1	×××海洋工程建设项目	0.71
	2	×××大、重型压力容器项目	6.55
山东	3	×××海洋石油工程制造基地三期项目	2.94
	4	×××海洋工程重型装备制造项目	0.93
浙江	5	×××海洋工程建造基地一期工程	0.09
总平均值			**2.24**

其他行业的样本较少，平均值统计为 2.24% 。在制定其他工业填海项目该指标控制值时，建议参照《工业项目建设用地控制指标》的相关指标控制值，要求不能超过 7% 。

7.3.4　绿地率

本节主要测算港口工程、船舶工业、电力工业、石化工业及其他工业等海洋产业填海项目绿地率指标值。

7.3.4.1　港口工业

港口工程填海项目的绿地率共测算了 42 个样本，其中辽宁省 4 个、山东省 22 个、广东省 6 个、浙江省 10 个，样本点分布效果如图 7.3.4.1 - 1 所示。

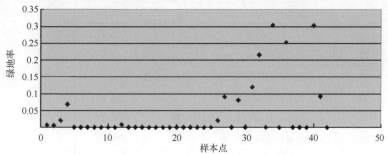

图 7.3.4.1 - 1　港口工程绿地率数值分布图

由于测算的样本中有 12 个项目在调查中并未填写绿地面积数据,我们将这些样本剔除,最后有效样本数为 30 个。具体测算见表 7.3.4.1-1。

表 7.3.4.1-1　绿地率指标值测算

省份	序号	项目名称	绿地率(%)	备注
辽宁	1	×××港区通用杂货泊位	0.38	
	2	×××集装箱物流中心工程	0.32	
	3	×××港区 3 号、4 号、5 号散杂泊位工程	2.06	
	4	×××港一期工程迁建工程项目	6.82	
		平均值	**2.40**	
山东	5	×××港木片码头续建工程	0.00	绿地面积为 0
	6	×××港区集装箱码头一期工程	0.00	绿地面积为 0
	7	×××港区货物回填工程	0.81	
	8	×××港区北作业区一期工程	0.00	绿地面积为 0
	9	×××大件运输件杂货码头项目	0.00	绿地面积为 0
	10	×××港区构件预制厂填海工程	0.00	绿地面积为 0
	11	×××港三突堤集装箱码头工程	0.00	绿地面积为 0
	12	×××港区顺岸码头工程	0.00	绿地面积为 0
	13	×××港三突堤 41 号、42 号泊位工程	0.00	绿地面积为 0
	14	×××港区液体化工码头及货物回填工程	0.00	绿地面积为 0
	15	×××西港区一期工程	0.00	绿地面积为 0
	16	×××港货运码头工程	0.00	绿地面积为 0
	17	×××港货运码头工程	0.00	绿地面积为 0
	18	×××港扩建二期填海工程 7 号、11 号、12 号泊位及护岸堆场	0.00	绿地面积为 0
	19	×××港区 13 号散货泊位工程	0.00	绿地面积为 0
	20	×××港莱州港扩建工程	0.00	绿地面积为 0
	21	×××新港建设	2.06	
		平均值	**0.17**	
广东	22	×××港区二期工程	1.96	
	23	×××港 12 号、13 号泊位及 13 号泊位延长段	0.00	绿地面积为 0
	24	×××集装箱码头项目	4.66	
	25	×××码头一期项目多用途码头工程	8.22	
	26	×××游艇码头项目	1.01	
		平均值	**3.17**	

省份	序号	项目名称	绿地率(%)	备注
浙江	27	×××港区多用途码头工程	11.24	填海 22.23 公顷,绿地 2.5 公顷
	28	×××集装箱码头工程项目	5.04	
	29	×××物流项目二期	30.24	填海 11.4 公顷,绿地 3.44 公顷
	30	×××物资仓储中心及码头工程	9.22	
		平均值	**13.93**	
		总平均值	**2.80**	

从测算数据可以看出,港口的绿地面积普遍较少,多数港口企业并未设置绿地,绿地率为零。我们建议对港口工程填海项目绿地率指标控制值限制在5%以下。原则上不建议港口企业专门规划设计绿地,但可以利用办公区建筑物前后、道路两侧等处进行绿化。

7.3.4.2 船舶工业

船舶工业填海项目的绿地率共测算了21个样本,其中辽宁省2个、山东省8个、广东省1个、浙江省10个,样本点分布效果如图7.3.4.2-1所示。

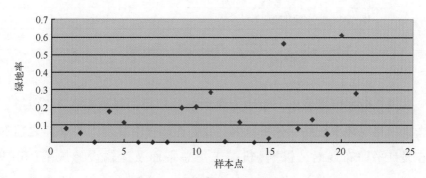

图7.3.4.2-1 船舶工业绿地率数值分布图

图7.3.4.2-1显示样本绿地率有两个点过高,与实际情况不符,予以剔除。此外,在测算的样本中,有4个样本在调查过程中并未填写绿地面积数据,我们将这样的数据也剔除。因此21个样本中有15个有效样本。具体测算

见表7.3.4.2 - 1。

表7.3.4.2 - 1　船舶工业绿地率指标值测算

省份	序号	项目名称	绿地率(%)	备注
辽宁	1	×××修船建设项目	7.93	
	2	×××20万载重吨/年船舶制造项目	5.11	
	平均值		**6.52**	
山东	3	×××船厂建设项目	6.72	
	4	×××船厂整体搬迁扩建工程	2.50	
	5	×××船业	0.00	绿地面积为0
	6	×××重工业有限公司	3.92	
	7	×××造修船基地	16.02	
	平均值		**5.83**	
广东	8	×××修船基地	20.02	
	平均值		**20.02**	
浙江	9	×××船舶修造项目	0.47	
	10	××88万吨造船基地项目	0.01	
	11	×××船业有限公司技术改造项目	2.23	
	12	×××船舶建造项目	0.9	
	13	×××船舶建造一期工程	9.94	
	14	×××造船基地建设项目	2.86	
	15	×××新建船厂工程	13.02	
	平均值		**4.20**	
总平均值			**6.55**	

　　从测算数据可以看出，船舶工业大部分项目的绿地率在7%以下，仅有个别项目绿地率较高，分析原因：我们在调查中发现，2009年之前的项目在设计平面布局时，根据《机械工厂总平面及运输设计规范(JBJ 9—1996)》(2010年已废止)中工厂绿地率不宜小于20%的要求来设计，所以绿地率较高。但是，在实际生产中，由于船厂的发展，用地紧张，故项目会减少绿地而将其转用于生产。所以，我们建议在制定船舶工业填海项目绿地率指标控制值时，要限制在7%以下。

7.3.4.3　电力工业

电力工业填海项目的绿地率共测算了7个样本，其中山东省1个、广东省2个、浙江省2个、福建省1个、天津市1个，样本点分布效果如图7.3.4.3-1所示。

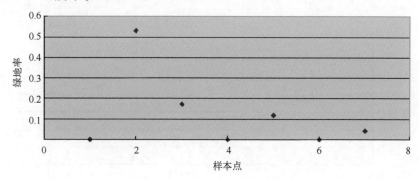

图7.3.4.3-1　电力工业绿地率数值分布图

图7.3.4.3-1显示样本点绿地率数值分布极差较大，且存在一个绿地率过高的样本点（广东省×××核电三期扩建工程），与实际调研情况不符，属数据错误，予以剔除。此外，还有2个样本调查时未填写绿地面积数据，予以剔除。因此7个样本中有4个有效样本。具体测算见表7.3.4.3-1。

表7.3.4.3-1　绿地率指标值测算

序号	项目名称	省份	绿地率（%）	备注
1	×××发电厂	广东	6.05	
2	×××电厂用海	浙江	0.00	绿地面积为0
3	×××电厂新建工程(2×100兆瓦)	浙江	3.29	
4	×××核电一期工程	福建	2.25	
5	×××火电厂工程	福建	8.88	
平均值			**4.09**	

电力工业填海项目绿地率指标的测算样本较少，平均值统计为4.09%。我们建议在制定电力工业项目该项指标控制值时，要限制在7%以下，原则上不建议电厂专门规划设计绿地，但可以充分利用行政、生活配套设施的建（构）筑物前后、道路两侧、地下管线的地面和边角地灯空地

等处进行绿化。

7.3.4.4　石化工业

石化工业填海项目的绿地率共测算了 12 个样本,其中辽宁省 2 个、山东省 3 个、广东省 2 个、浙江省 5 个,样本点分布效果如图 7.3.4.4 – 1 所示。

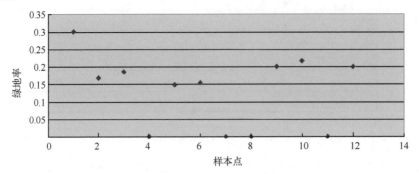

图 7.3.4.4 – 1　电力工业绿地率数值分布图

图 7.3.4.4 – 1 显示样本点绿地率数值分布均匀,但是有 3 个样本在调查时未填写绿地面积数据,予以剔除。因此 12 个样本中有 9 个有效样本。具体测算见表 7.3.4.4 – 1。

表 7.3.4.4 – 1　绿地率指标值测算

省份	序号	项目名称	绿地率(%)
辽宁	1	×××石化有限公司年产 50 万吨 PTA 项目	15
	2	×××石化有限公司	10.53
		平均值	**12.76**
山东	3	×××液体化工有限公司	15
	4	×××炼化公司排洪集水区项目	14.84
		平均值	**14.92**
广东	5	×××液化天然气应急调峰站	12.03
	6	×××炼油项目	0.64
		平均值	**6.34**
浙江	7	×××石化有限责任公司小干油库	15.64
	8	×××燃料油转运码头及配套工程项目	5.63
	9	×××石化公司燃料油库码头工程	4.01
		平均值	**8.43**
		总平均值	**10.37**

经测算得出 9 个样点的平均值为 10.37%，样点数值的分布基本集中，一定程度上反映了该产业的该指标规律性。在制定石化工业填海项目绿地率指标控制值时，建议控制值限制在 10% 以下。

7.3.4.5　其他工业

其他工业填海项目的绿地率共测算了 23 个样本，其中辽宁省 4 个、山东省 3 个、浙江省 17 个，样本点分布效果如图 7.3.4.5 – 1 所示。

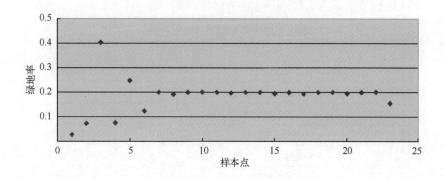

图 7.3.4.5 – 1　其他工业绿地率数值分布图

图 7.3.4.5 – 1 显示样本点绿地率数值分布合理，符合实际调研情况。因此 23 个样本中皆为有效样本。具体测算见表 7.3.4.5 – 1。

表 7.3.4.5 – 1　其他工业绿地率指标值测算

省份	序号	项目名称	绿地率(%)
辽宁	1	×××海洋工程建设项目	1.70
	2	×××腐蚀防护材料及石油装备新建项目	7.32
	3	×××大、重型压力容器项目	16.75
	4	×××50 万吨/年金属表面防腐处理项目	7.61
		平均值	**8.35**
山东	5	×××海洋石油工程制造基地三期项目	22.312
	6	×××海洋工程重型装备制造项目	9.23
		平均值	**15.77**

续表

省份	序号	项目名称	绿地率(%)
浙江	7	×××制药机械标准厂房	20.00
	8	×××机械精加工中心	19.20
	9	×××模具车床精密机械园	20.00
	10	×××新能源装备工业园	20.00
	11	×××水产品深加工基地	20.00
	12	×××针织服装产业园	19.70
	13	×××海洋生物产业园	20.00
	14	×××粮油·水产品交易集散中心	20.00
	15	×××工程塑料工业园	19.50
	16	×××建筑机械标准厂房	20.00
	17	×××电子汽车产业园	19.30
	18	×××汽摩配标准厂房	20.00
	19	×××机械电子工业园	20.00
	20	×××食品加工园	19.50
	21	×××制鞋机械标准厂房	20.00
	22	×××包装机械标准厂房	20.00
	23	×××海洋工程建造基地一期工程	15.25
	平均值		**19.55**
总平均值			**17.28**

经测算得出 23 个样点的平均值为 17.28%，样点数值的分布基本集中，一定程度上反映了该产业的绿地率指标规律性。在制定石化工业填海项目绿地率指标控制值时，建议可以参照国土资源部颁布的文件要求，即不鼓励开展绿地建设，如确是工程建设所需要，也不应高于 20%。但是在海域集约管理中，我们应该采取更严格的标准，要求控制值不能超过 7%。

7.3.5 道路占地比率

本节主要测算港口工程、船舶工业、电力工业、石化工业及其他工业等海洋产业填海项目道路占地比率。

7.3.5.1 港口工程

港口工程填海项目的道路占地比率共测算了 44 个样本，其中辽宁省 4 个、山东省 22 个、广东省 8 个、浙江省 10 个，样本点分布效果如图 7.3.5.1 -1 和图 7.3.5.1 -2 所示。

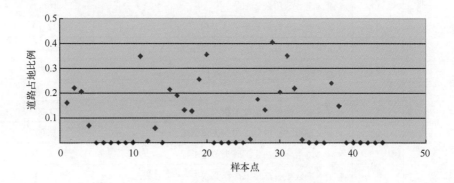

图 7.3.5.1 -1 港口工程道路占地比例数值分布图

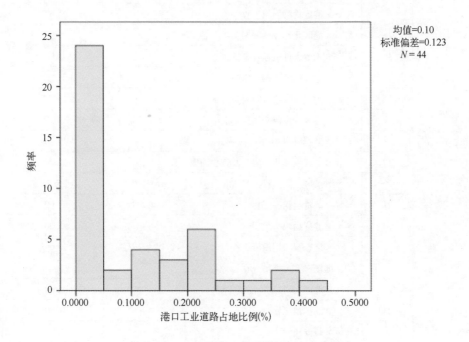

图 7.3.5.1 -2 港口工程样点道路占地比率直方图

图 7.3.5.1-1 显示样本点道路占地比例数值分布集中，无明显异常点存在，44 个道路占地比率样本均有效，具体测算见表 7.3.5.1-1。

表 7.3.5.1-1 道路占地比率指标值测算

省份	序号	项目名称	道路占地比率(%)
辽宁	1	×××港区通用杂货泊位	16.11
	2	×××北岸集装箱物流中心工程	22.10
	3	×××港区3号、4号、5号散杂泊位工程	20.62
	4	×××港一期工程迁建工程项目	6.98
		平均值	**16.45**
山东	5	×××港区港作船泊位工程	0.00
	6	×××港液体石油化工品码头预留区	0.00
	7	×××港液体石油化工码头扩建工程	0.00
	8	×××港液体石油化工品作业区1号、2号码头	0.00
	9	×××港区通用泊位和工作船码头工程	0.00
	10	×××港木片码头续建工程	0.00
	11	×××港区集装箱码头一期工程	34.97
	12	×××港区货物回填工程	0.67
	13	×××港区北作业区一期工程	5.92
	14	×××工程大件运输件杂货码头项目	0.00
	15	×××港区构件预制厂填海工程	21.52
	16	×××港三突堤集装箱码头工程	19.11
	17	×××港顺岸码头工程	13.33
	18	×××港三突堤41号、42号泊位工程	12.89
	19	×××港液体化工码头及货物回填工程	25.57
	20	×××港区一期工程	35.58
	21	×××港货运码头工程	0.00
	22	×××港货运码头工程	0.00
	23	×××港扩建二期填海工程7号、11号、12号泊位及护岸堆场	0.00
	24	×××港区13号散货泊位工程	0.00
	25	×××港扩建工程	0.00
	26	×××新港建设	1.37
		平均值	**7.77**

省份	序号	项目名称	道路占地比率(%)
广东	27	×××港区一期工程	17.59
	28	×××港区二期工程	13.31
	29	×××港12号、13号泊位及13号泊位延长段	40.60
	30	×××集装箱码头项目	20.50
	31	×××码头及配套设施项目	35.13
	32	×××码头一期项目多用途码头工程	22.06
	33	×××码头	1.20
	34	×××游艇码头项目	0.00
		平均值	**18.80**
浙江	35	×××港区五期集装箱码头工程	0.00
	36	×××港区北仑山多用途码头工程	0.00
	37	×××千吨级配套专用码头工程项目	24.01
	38	×××集装箱码头工程项目	14.84
	39	×××物流中转基地项目	0.00
	40	×××物流中转基地	0.00
	41	×××能源油品物流项目	0.00
	42	×××能源油品物流项目二期	0.00
	43	×××物资仓储中心及码头工程	0.00
	44	×××中转码头工程	0.00
		平均值	**3.89**
		总平均值	**9.68**

从以上数据可以看出，调研样本数据分布较为集中，数据可用性较好。数据多数分布在 10% 以下的区间，合计 26 个样本，约占 60%。四省中，浙江最低，山东、辽宁次之，广东最高。调研中也发现个别港口道路规划过宽，如广州某港口项目道路设计宽 80 米，远高于同类港口的道路宽度。在制定该指标时，建议指标值在 10% ~ 15% 之间。

7.3.5.2 船舶工业

船舶工业填海项目的道路占地比率共测算了 24 个样本，其中辽宁省 3 个、山东省 8 个、广东省 1 个、浙江省 12 个，样本点分布效果如图

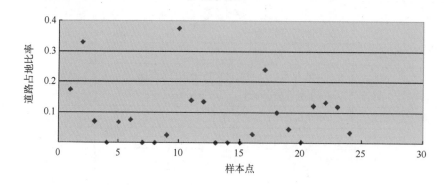

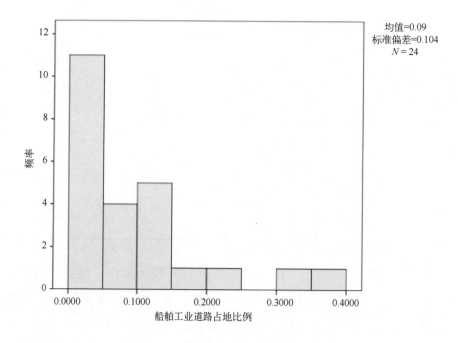

7.3.5.2-1 和图 7.3.5.2-2 所示。

图 7.3.5.2-1　船舶工业道路占地比率数值分布图

图 7.3.5.2-2　船舶工业样点道路占地比率直方图

图 7.3.5.2-1 显示样本点道路占地比率数值分布较为随机，无异常点存在且分布规律不明显，24 个道路占地比率样本均有效，具体测算见表 7.3.5.2-1。

表 7.3.5.2 - 1　船舶工业道路占地比率指标值测算

省份	序号	项目名称	道路占地比率(%)
辽宁省	1	×××修船建设项目	17.39
	2	×××造船基地项目	33.04
	3	×××20万载重吨/年船舶制造项目	6.96
		平均值	**19.13**
山东	4	×××船厂	0.00
	5	×××船厂建设项目	6.72
	6	×××船厂整体搬迁扩建工程	7.50
	7	×××船厂项目	0.00
	8	×××船舶制造基地二期工程	0.00
	9	×××船业	2.50
	10	×××重工业有限公司	37.56
	11	×××造修船基地	13.94
		平均值	**8.53**
广东	12	×××修船基地	13.45
		平均值	**13.45**
浙江	13	×××特种船舶修造项目	0.00
	14	×××8万吨造船基地项目	0.08
	15	×××配套工程建设项目	0.00
	16	×××船业有限公司技术改造项目(填海)	2.79
	17	×××修船基地建设项目	24.06
	18	×××船舶建造及码头建设项目	9.89
	19	×××船舶建造项目	4.48
	20	×××船台、码头	0.20
	21	×××船舶建造一期工程	12.11
	22	×××造船基地建设项目	13.25
	23	×××造船有限公司二期扩建工程	11.92
	24	×××新建船厂工程	3.37
		平均值	**6.85**
		总平均值	**9.22**

调研数据呈集中分布的特征，数据可用性较好。数值小于5%的共11个，小于10%的15个；小于15%的20个，占83.3%，可见数据主要集中

在15%以下。四省中，浙江最低，山东、广东次之，辽宁最高。广东由于仅有一个有效样点，因此可能存在代表性不足的问题，也有必要对广东地区有关数据做进一步搜集分析。在制定该指标时，建议指标为15%。

7.3.5.3 电力工业

电力工业填海项目的道路占地比率共测算了10个样本，其中山东省3个、广东省2个、浙江省2个、福建省2个、天津市1个，样本点分布效果如图7.3.5.3-1和图7.3.5.3-2所示。

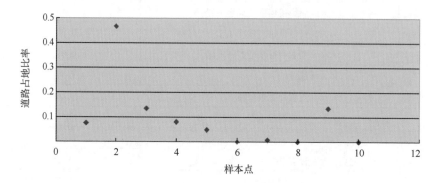

图7.3.5.3-1 电力工业道路占地比率数值分布图

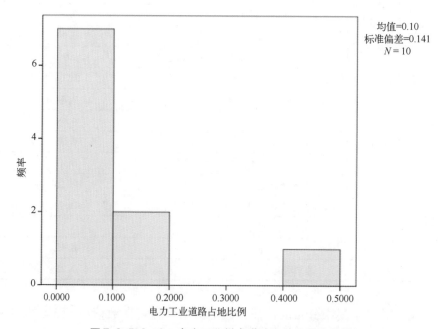

图7.3.5.3-2 电力工业样点道路占地比率直方图

图 7.3.5.3 - 1 显示样本点道路占地比率数值分布无异常点存在，且符合实际调研情况，10 个道路占地比率样本均有效，具体测算见表 7.3.5.3 - 1。

表 7.3.5.3 - 1　电力工业道路占地比率指标值测算

省份	序号	项目名称	道路占地比率(%)
山东省	1	×××核电厂	7.66
	2	×××电厂一期(2×1000 兆瓦)机组工程项目	46.77
	3	×××热电联产新建工程项目	13.60
广东省	4	×××核电三期扩建工程	8.13
	5	×××发电厂	4.89
浙江	6	×××电厂用海	0.00
	7	×××电厂新建工程(2×100 兆瓦)	0.68
天津	8	×××电厂项目	0.00
福建	9	×××核电一期工程	13.57
	10	×××20 兆瓦光伏发电项目	0.00
总平均值			**9.53**

样本的差异性较大，最高的 46.77%，道路占地过多；最低的不足 1%，但多数数值均小于 10%(7 个)。建议该产业做进一步数据搜集，更多地找出其规律性。

7.3.5.4　石化工业

石化工业填海项目的道路占地比率共测算了 6 个样本，其中辽宁省 2 个、山东省 1 个、广东省 2 个、浙江省 1 个，样本点分布效果如图 7.3.5.4 - 1 所示。

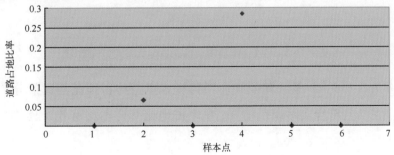

图 7.3.5.4 - 1　石化工业道路占地比率数值分布图

图 7.3.5.4 - 1 显示石化工业项目样本点道路占地比率数值分布无异常点存在，且符合实际调研情况。6 个道路占地比率样本均有效，具体测算见表 7.3.5.4 - 1。

表 7.3.5.4 - 1　石化工业道路占地比率指标值测算

省份	序号	项目名称	道路占地比率(%)
辽宁	1	×××年产 50 万吨 PTA 项目	0.00
	2	×××石化有限公司	6.53
山东	3	×××炼化公司排洪集水区项目	0.00
广东	4	×××液化天然气项目(迭幅站填海)	28.56
	5	×××炼油项目	0.00
浙江	6	×××石化有限责任公司小干油库	0.00
总平均值			**5.85**

由于有效样本较少，建议做进一步调研分析。

7.3.5.5　其他工业

其他工业填海项目的道路占地比率共测算了 6 个样本，其中辽宁省 4 个、山东省 1 个、浙江省 1 个，样本点分布效果如图 7.3.5.5 - 1 所示。

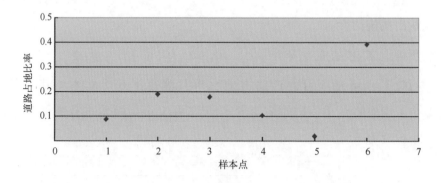

图 7.3.5.5 - 1　其他工业道路占地比率数值分布图

图 7.3.5.5 - 1 显示其他工业项目样本点道路占地比例数值分布无异常点存在，且符合实际调研情况，6 个占地比率样本均有效，具体测算见表 7.3.5.5 - 1。

表 7.3.5.5 – 1　其他工业道路占地比率指标值测算

省份	序号	项目名称	道路占地比率(%)
辽宁	1	×××海洋工程建设项目	8.78
	2	×××腐蚀防护材料及石油装备新建项目	19.04
	3	×××大、重型压力容器项目	17.97
	4	××50吨/年金属表面防腐处理项目	10.35
山东	5	×××海洋工程重型装备制造项目	1.92
浙江省	6	×××海洋工程建造基地一期工程	39.30
总平均值			**16.23**

由于有效样本较少，建议做进一步调研分析。

7.3.6　岸线利用效率

本节主要测算港口工程、船舶工业、电力工业、石化工业及其他工业等海洋产业填海项目岸线利用效率指标值。

7.3.6.1　港口工程

港口工程填海项目的岸线利用效率共测算了 33 个样本，其中辽宁省 4 个、山东省 16 个、广东省 6 个、浙江省 5 个、广西壮族自治区 1 个、福建省 1 个，样本点分布效果如图 7.3.6.1 – 1 所示。

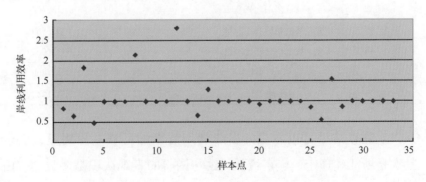

图 7.3.6.1 – 1　港口工程岸线利用效率数值分布图

图 7.3.6.1 – 1 显示样本点岸线利用效率数值分布集中，有很多点岸线利用效率为 1，这主要是因为我们调查的样本中，有些企业的各类规划、

论证、初步设计等材料里面没有记录占用的原始岸线长度，填报单位错误地认为占用的原岸线与形成的岸线长度差别不大，故填报的是同一个数值。这种样本应予以剔除。剔除后，共剩余 14 个岸线利用效率的有效样本，具体测算见表 7.3.6.1 - 1。

表 7.3.6.1 - 1　港口工程岸线利用效率指标值测算

省份	序号	项目名称	岸线利用效率
辽宁	1	×××港区通用杂货泊位	0.8282
	2	×××集装箱物流中心工程	0.6478
	3	×××港区 3 号、4 号、5 号散杂泊位工程	1.8306
	4	×××港一期工程迁建工程项目	0.4793
		平均值	**0.9465**
山东	5	×××港区货物回填工程	2.1448
	6	×××港三突堤集装箱码头工程	2.8
	7	×××港区液体化工码头及货物回填工程	0.6522
	8	×××港区一期工程	1.2921
	9	×××新港建设	0.925
		平均值	**1.5628**
广东	10	×××联运码头一期项目多用途码头工程	0.8545
	11	×××石化码头	0.5506
		平均值	**0.7026**
浙江	12	×××港区多用途码头工程	1.5464
	13	×××集装箱码头工程项目	0.8669
	14	×××物流中转基地项目	1.0067
		平均值	**1.1400**
		总平均值	**1.1732**

　　从以上测算结果可以看出，岸线利用效率的区域差异明显，山东最高，其次是浙江和辽宁，广东最低，这与调研的直观认识是一致的。山东多是突堤式码头，广东顺岸式码头较多，所以岸线利用效率较低。从样本岸线利用效率的测算结果可以看出，港口工程项目的岸线利用效率主要集中在 0.6 ~ 1.6 之间，在 1 ~ 1.2 之间样本数量最多，但规律性较差。综合考虑企业的平面布局和数据特点，岸线利用效率可以作为港口工程的控制

指标。自然岸线保护是全国海洋功能区划明确建立的区划目标，应集约利用海岸线，但我国目前港口占用岸线较多，部分港口为节约成本，采用了顺岸等方式建设码头，岸线利用粗放，大型港口动辄占用几十千米的岸线。为提高岸线集约利用水平，建议岸线利用效率应大于 1.2。

7.3.6.2　船舶工业

船舶工业填海项目的岸线利用效率共测算了 7 个样本，其中辽宁省 2 个、山东省 3 个、浙江省 2 个，测算值见表 7.3.6.2 - 1。

表 7.3.6.2 - 1　船舶工业岸线利用效率指标值测算

省份	序号	用海项目	岸线利用情况（米）		岸线利用效率
			占用岸线总长度	新岸线长度	
辽宁	1	×××船舶工程有限公司	1955	1710.5	0.8749
	2	×××船舶制造有限公司	602	860	1.4286
山东	3	×××船舶制造有限公司	600	1546	2.5767
	4	×××新船重工有限公司	1705	3508	2.0575
	5	×××船业有限公司	1260	1140	0.9048
浙江	6	×××船业有限公司	1299.93	319	0.2454
	7	×××船业有限公司	1300	2100	1.6154
平均值					**1.3862**

从测算结果可以看出，船舶工业填海项目的岸线利用效率较高，在 7 个样本中，一个小于 0.5，2 个接近 1，4 个大于 1.4，平均值接近 1.4，如果小于 0.5 的样本（浙江省×××船业有限公司）不参与计算，平均值将接近 1.6。船舶工业需要依托岸线建立修造船的船坞、泊位等，一般会对岸线进行合理的规划和设计，发挥岸线的最高效能。因此，在制定船舶工业填海项目的岸线利用效率指标控制值时，建议确定为 1.5。

7.3.6.3　电力工业

电力工业填海项目的岸线利用效率共测算了 3 个样本，其中山东省 1 个、广东省 1 个、浙江省 1 个，测算值见表 7.3.6.3 - 1。

表7.3.6.3-1　电力工业岸线利用效率指标值测算

省份	序号	项目名称	岸线利用效率(公顷/米)
山东	1	×××核电厂	0.0073
广东	2	×××发电厂	0.0163
浙江	3	×××电厂新建工程(2×100兆瓦)	0.0164
平均值			**0.0133**

从表7.3.6.3-2可以看出，大部分电厂都占用了大量的岸线资源，电厂除填海之外，对海域资源的利用主要包括：①取排水用海，利用海水进行冷却；②专用码头用海，修建码头用于运输电厂建设时所需的大型装备，电厂运行时运输煤炭等燃料。在实际调研中发现，专用码头和取排水实际占用岸线比较少，如广东省某发电厂占用岸线2953米，但形成的码头岸线仅310米；山东省某核电厂占用岸线8179米，但形成的码头岸线仅有145米，岸线资源存在着巨大的浪费。山东省有两个电厂虽然没有收集到形成的码头岸线数据，但根据现场观察，发现大部分岸线被占用，但并未发挥岸线的功能。因此，应加强电厂占用岸线的论证和监管，提高电力工业的岸线集约利用水平。因电厂使用岸线主要是用来建造专用码头，因此，可参照港口工程用海(即功能性填海项目)的岸线利用效率对电厂占用岸线进行控制。可采用以下管理措施：电厂建设需建造专用码头的，岸线利用效率不得小于1.2。

表7.3.6.3-2　电力工业岸线利用情况统计

省份	序号	项目名称	占用岸线总长度(米)
山东	1	×××核电厂	8179.22
	2	×××电厂一期(2×1000兆瓦)机组工程项目	2500
广东	3	×××发电厂	2953
浙江	4	×××电厂用海	790
	5	×××电厂新建工程(2×100兆瓦)	1140
福建	6	×××核电一期工程	4560.2
	7	×××热电厂项目用海方案调整	1108.3

7.3.6.4　石化工业

石化工业填海项目的岸线利用效率共测算了 5 个有效样本，其中辽宁省 2 个、山东省 1 个、广东省 2 个，测算值见表 7.3.6.4 - 1。

表 7.3.6.4 - 1　石化工业岸线利用效率指标值测算

省份	序号	项目名称	岸线利用效率（公顷/米）
辽宁	1	×××石化有限公司年产 50 万吨 PTA 项目	0.0395
	2	×××石化有限公司	0.1144
山东	3	×××液体化工有限公司液体化工码头项目	0.0350
广东	4	×××液化天然气应急调峰站	0.0447
	5	×××炼油项目	0.0168
平均值			**0.0501**

石化工业建设往往需要占用大量的土地，如辽宁省某石化有限公司占地面积达 350 公顷。石化工业填海主要是以获得土地为目的，解决土地资源供给不足的问题，往往不需要使用海域的功能和海岸线，对于这类用海，应尽量减少占用岸线长度。对于单独选址的石化项目用海，应控制其占用岸线长度，对于确需占用岸线的，岸线利用效率（公顷/米）指标控制值应大于或等于 0.07。

7.3.6.5　其他工业

其他工业填海项目的岸线利用效率共测算了 6 个样本，其中辽宁省 2 个、山东省 2 个、广东省 1 个、浙江省 1 个，样本点分布效果如图 7.3.6.5 - 1 所示。

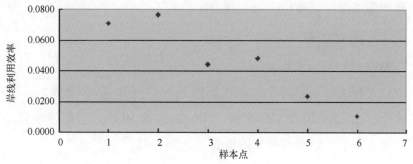

图 7.3.6.5 - 1　其他工业岸线利用效率数值分布图

图 7.3.6.5 - 1 显示样本点岸线利用效率数值分布合理，符合实际调研情况，无明显异常点存在，6 个海域利用效率样本均有效，具体测算见表 7.3.6.5 - 1。

表 7.3.6.5 - 1　其他工业岸线利用效率指标值测算

省份	序号	项目名称	岸线利用效率 （公顷/米）
辽宁	1	×××大、重型压力容器项目	0.0710
	2	×××50 万吨/年金属表面防腐处理项目	0.0766
山东	3	×××海洋石油工程制造基地三期项目	0.0444
	4	×××海洋重工有限公司海洋工程重型装备制造项目	0.0483
广东	5	×××区综合开发项目	0.0236
浙江	6	×××海洋工程建造基地一期工程	0.0107
平均值			**0.0458**

其他工业用海项目的海域使用同石化工业用海相似，除利用码头进行大型装备运输和制造外，主要是为了获取土地。对其使用岸线的管理与石化工业用海一致。对于单独选址的其他工业用海，应控制其占用岸线长度，对于确需占用岸线的，岸线利用效率（公顷/米）指标控制值应大于或等于 0.07。

7.3.7　单位用海系数和投资强度

本节主要测算港口工程、船舶工业、电力工业、石化工业及其他工业等海洋产业填海项目单位用海系数指标值。

7.3.7.1　港口工程

1）单位面积用海系数

港口工程填海项目的单位面积用海系数共测算了 45 个样本，其中辽宁省 4 个、山东省 20 个、广东省 7 个、浙江省 10 个、广西壮族自治区 3 个、河北省 1 个，样本点测算值见表 7.3.7.1 - 1。

表 7.3.7.1 - 1 港口工程单位面积用海系数指标值测算

省份	序号	项目名称	单位面积用海系数（平方米/万元）
辽宁	1	×××港区通用杂货泊位	7.76
	2	×××集装箱物流中心工程	8.45
	3	×××港区3号、4号、5号散杂泊位工程	6.65
	4	×××港一期工程迁建工程项目	16.52
		平均值	**9.85**
山东	5	×××港区港作船泊位工程	3.02
	6	×××港液体石油化工码头扩建工程	1.82
	7	×××港液体石油化工品作业区1号、2号码头	11.20
	8	×××港区通用泊位和工作船码头工程	5.08
	9	×××港木片码头续建工程	0.30
	10	×××港区集装箱码头一期工程	10.59
	11	×××港区货物回填工程	9.92
	12	×××港区北作业区一期工程	4.35
	13	×××大炼油工程大件运输件杂货码头项目	28.40
	14	×××港区构件预制厂填海工程	55.88
	15	×××港三突堤集装箱码头工程	0.41
	16	×××港区顺岸码头工程	1.93
	17	×××港三突堤41号、42号泊位工程	1.19
	18	×××港区液体化工码头及货物回填工程	3.87
	19	×××港区一期工程	2.11
	20	×××港货运码头工程	15.26
	21	×××港货运码头工程	38.51
	22	×××港扩建二期填海工程7号、11号、12号泊位及护岸堆场	3.89
	23	×××港区13号散货泊位工程	9.87
	24	×××新港建设	13.98
		平均值	**11.08**

省份	序号	项目名称	单位面积用海系数 （平方米/万元）
广东	25	×××港区一期工程	0.56
	26	×××港区二期工程	0.91
	27	×××港12号、13号泊位及13号泊位延长段	2.36
	28	×××国际集装箱码头项目	1.76
	29	×××石化码头及配套设施项目	0.85
	30	×××联运码头一期项目多用途码头工程	2.82
	31	×××游艇码头项目	1.62
		平均值	**1.56**
浙江	32	×××港区五期集装箱码头工程	0.16
	33	×××港区多用途码头工程	1.52
	34	×××千吨级配套专用码头工程项目	16.78
	35	×××集装箱码头工程项目	0.77
	36	×××物流中转基地项目	4.76
	37	×××物流中转基地	6.93
	38	×××能源油品物流项目	0.53
	39	×××能源油品物流项目二期	3.15
	40	×××物资仓储中心及码头工程	8.61
	41	×××煤炭中转码头工程	1.74
		平均值	**4.50**
广西	42	×××港铁路集装箱作业区项目	48.70
	43	×××港区液体散货泊位工程项目	51.26
	44	×××港矿石、原辅料及成品泊位工程项目	21.20
		平均值	**40.39**
河北	45	×××港矿石、原辅料及成品泊位工程项目	3.27
		平均值	**3.27**
		总平均值	**9.80**

由表7.3.7.1-1可以看出，样本点数据分散，随机性和极差较大。为排除异常值和极端值的影响，下面将对样本数据做统计分析（见表7.3.7.1-2和图7.3.7.1-1）：

表 7.3.7.1 - 2　港口工程单位面积用海系数描述统计

1. 描述				
			统计量	标准误
港口工程单位面积用海系数	均值		9.8049	2.061 76
	均值的95% 置信区间	下限	5.6497	
		上限	13.9601	
	5%修整均值		7.9344	
	中值		3.8900	
	方差		191.289	
	标准差		13.830 71	
	极小值		0.16	
	极大值		55.88	
	范围		55.72	
	四分位距		9.22	
	偏度		2.223	0.354
	峰度		4.386	0.695

2. M - 估计器				
	Huber 的 M - 估计器[a]	Tukey 的 双权重[b]	Hampel 的 M - 估计器[c]	Andrews 波[d]
港口工程单位面积用海系数	4.9486	3.7156	4.4667	3.6775

a. 加权常量为 1.339。
b. 加权常量为 4.685。
c. 加权常量为 1.700、3.400 和 8.500。
d. 加权常量为 1.340π。

3. 极值				
			案例号	值
港口工程单位面积用海系数	最高	1	14	55.88
		2	43	51.26
		3	42	48.70
		4	21	38.51
		5	13	28.40
	最低	1	32	0.16
		2	9	0.30
		3	15	0.41
		4	38	0.53
		5	25	0.56

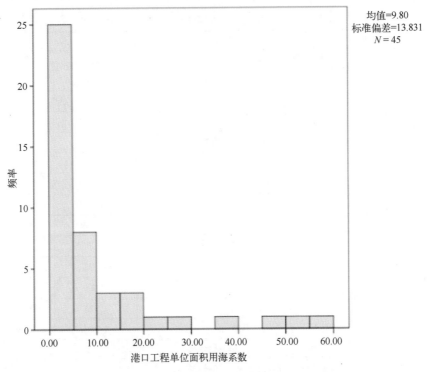

图 7.3.7.1－1 港口工程单位面积用海系数直方图

由"1. 描述"一表中可以看出港口工程单位面积用海系数均值为 9.8049，其标准误（均方误差）为 2.061 76，说明均数抽样分布地离散程度较小。"M－估计器"表示对数据做集中趋势的最大稳健估计，共有四种 M 统计量值：Huber、Tukey、Hampel、Andrews。第一个值适用于正态分布数据，后三种情况适用于存在异常值和极端值的情况。它们是利用迭代方法计算的，一般受异常值的影响较小，如果估计值与均数、中位数差距过大，说明数据存在异常值和极端值，需要用该估计值代替均值反映集中趋势。由"2. M 估计器"一表中可看出 Tukey、Hampel、Andrews 估计数值分别为 3.7156、4.4667 和 3.6775，与均值 9.8049 相比差距较大，说明数据存在异常值和极端值，从"3. 极值"一表中也可清晰看出数据极差较大。因此这里不妨取Hampel 估计值 4.4667 来代替均值，而其恰好落在直方图（见图 7.3.7.1－1）中频数最大的区间内，能够很好地反映集中趋势。所以，在制定港口工程填海项目单位面积用海系数指标控制值时，建议约束在 4.5 左右。

2）单位岸线用海系数

港口工程填海项目的单位岸线用海系数共测算了 33 个样本，其中辽宁省 4 个、山东省 15 个、广东省 6 个、浙江省 6 个、广西壮族自治区 1 个、河北省 1 个，样本点测算值见表 7.3.7.1 - 3。

表 7.3.7.1 - 3　港口工程单位岸线用海系数指标值测算

省份	序号	项目名称	单位岸线用海系数（米/万元）
辽宁	1	×××港区通用杂货泊位	0.0114
	2	×××港集装箱物流中心工程	0.0193
	3	×××港区 3 号、4 号、5 号散杂泊位工程	0.0054
	4	×××港一期工程迁建工程项目	0.0350
		平均值	**0.0711**
山东	5	×××港液体石油化工码头扩建工程	0.0314
	6	×××港液体石油化工品作业区 1 号、2 号码头	0.0110
	7	×××港区货物回填工程	0.0147
	8	×××港区北作业区一期工程	0.0038
	9	×××大炼油工程大件运输件杂货码头项目	0.0250
	10	×××港区构件预制厂填海工程	0.0827
	11	×××港三突堤集装箱码头工程	0.0004
	12	×××港区顺岸码头工程	0.0124
	13	×××港三突堤 41 号、42 号泊位工程	0.0020
	14	×××港区液体化工码头及货物回填工程	0.0065
	15	×××港区一期工程	0.0099
	16	×××港货运码头工程	0.0221
	17	×××港扩建二期填海工程 7 号、11 号、12 号泊位及护岸堆场	0.0223
	18	×××港区 13 号散货泊位工程	0.0492
	19	×××新港建设	0.0192
		平均值	**0.3126**
广东	20	×××港区一期工程	0.0054
	21	×××港 12 号、13 号泊位及 13 号泊位延长段	0.0037
	22	×××国际集装箱码头项目	0.0102
	23	×××石化码头及配套设施项目	0.0041
	24	×××石化码头	0.0086
	25	×××石油化工码头	0.0197
		平均值	**0.0086**

省份	序号	项目名称	单位岸线用海系数（米/万元）
浙江	26	×××千吨级配套专用码头工程项目	0.0052
	27	×××物流中转基地项目	0.0033
	28	×××物流中转基地	0.0319
	29	×××油品物流项目二期	0.0035
	30	×××煤炭中转码头工程	0.0325
	31	×××PX 储运基地项目码头工程	0.0087
		平均值	**0.0142**
广西	32	×××港区液体散货泊位工程项目	0.0184
河北	33	×××港矿石、原辅料及成品泊位工程项目	0.0020
		总平均值	**0.0164**

由表 7.3.7.1 – 3 可以看出，样本点数据分散，随机性和极差较大。为排除异常值和极端值的影响，下面对样本数据做统计分析（见表 7.3.7.1 – 4 和图 7.3.7.1 – 2）：

表 7.3.7.1 – 4　港口工程单位岸线用海系数描述统计

1. 描述			统计量	标准误
港口工程单位岸线用海系数	均值		0.016 391	0.002 908 6
	均值的 95% 置信区间	下限	0.010 466	
		上限	0.022 316	
	5% 修整均值		0.014 294	
	中值		0.011 000	
	方差		0.000	
	标准差		0.016 708 7	
	极小值		0.0004	
	极大值		0.0827	
	范围		0.0823	
	四分位距		0.0176	
	偏度		2.272	0.409
	峰度		6.924	0.798

2. M – 估计器				
	Huber 的 M – 估计器[a]	Tukey 的 双权重[b]	Hampel 的 M – 估计器[c]	Andrews 波[d]
港口工程单位岸线用海系数	0.012 550	0.011 554	0.012 525	0.011 566

a. 加权常量为 1. 339。
b. 加权常量为 4. 685。
c. 加权常量为 1. 700、3. 400 和 8. 500。
d. 加权常量为 1. 340π。

3. 极值			案例号	值
港口工程单位岸线用海系数	最高	1	10	0.0827
		2	18	0.0492
		3	4	0.0350
		4	30	0.0325
		5	28	0.0319
	最低	1	11	0.0004
		2	33	0.0020
		3	13	0.0020
		4	27	0.0033
		5	29	0.0035

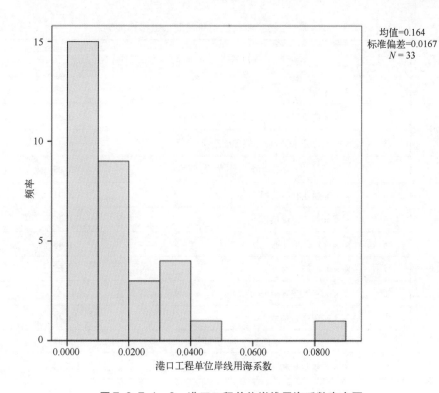

图 7. 3. 7. 1 - 2 港口工程单位岸线用海系数直方图

由"1. 描述"一表中可以看出港口工程单位岸线用海系数均值为0.016 391，其标准误（均方误差）为0.002 908 6，说明均数抽样分布地离散程度较小。由"2. M 估计器"一表中可看出 Tukey、Hampel、Andrews 估计数值分别为 0.011 554、0.012 525 和 0.011 566，与均值 0.016 391 相比差距不是很大，说明数据异常值和极端值较少，从直方图（见图 7.3.7.1 - 2）中也可清晰看出极端值频率很低。建议选取 Hampel 估计值 0.012 525 来代替均值，以更好地反映集中趋势。所以，在制定港口工程填海项目单位岸线用海系数指标控制值时，建议约束在 0.0125 左右。

7.3.7.2　船舶工业

1）单位面积用海系数

船舶工业填海项目的单位面积用海系数共测算了 22 个样本，其中辽宁省 3 个、山东省 6 个、广东省 1 个、浙江省 12 个，样本点测算值见表7.3.7.2 - 1。

表 7.3.7.2 - 1　船舶工业单位面积用海系数指标值测算

省份	序号	项目名称	单位面积用海系数（平方米/万元）
辽宁	1	×××修船建设项目	2.43
	2	×××造船工业有限公司造船基地项目	0.31
	3	×××20 万载重吨/年船舶制造项目	6.42
		平均值	**3.05**
山东	4	×××船业有限公司	8.41
	5	×××船厂建设项目	1.75
	6	×××船厂整体搬迁扩建工程	1.48
	7	×××船厂项目	3.68
	8	×××重工业有限公司	14.92
	9	×××造修船基地	3.44
		平均值	**5.61**
广东	10	×××修船基地	2.12
		平均值	**2.12**

省份	序号	项目名称	单位面积用海系数 （平方米/万元）
浙江	11	×××特种船舶修造项目	2.63
	12	×××8万吨造船基地项目	1.16
	13	×××配套工程建设项目	7.88
	14	×××船业有限公司技术改造项目	4.39
	15	×××修船基地建设项目	0.52
	16	×××船业有限公司船舶建造及码头建设项目	0.26
	17	×××船舶建造项目	3.16
	18	×××船台、码头	0.34
	19	×××船舶建造一期工程	2.02
	20	×××船业有限公司造船基地建设项目	0.02
	21	×××造船有限公司二期扩建工程	1.44
	22	×××新建船厂工程	4.68
		平均值	**2.38**
		总平均值	**3.34**

下面对样本数据做统计分析（见表7.3.7.2-2和图7.3.7.2-1）。

表7.3.7.2-2 船舶工业单位面积用海系数描述统计

1. 描述			统计量	标准误
船舶工业单位 面积用海系数	均值		3.3391	0.748 03
	均值的95%置信区间	下限	1.7835	
		上限	4.8947	
	5%修整均值		2.9118	
	中值		2.2750	
	方差		12.310	
	标准差		3.508 56	
	极小值		0.02	
	极大值		14.92	
	范围		14.90	
	四分位距		3.46	
	偏度		1.982	0.491
	峰度		4.748	0.953

续表

2. M - 估计器				
	Huber 的 M - 估计器[a]	Tukey 的 双权重[b]	Hampel 的 M - 估计器[c]	Andrews 波[d]
船舶工业单位 面积用海系数	2.4828	2.1919	2.4433	2.1826

a. 加权常量为 1.339。

b. 加权常量为 4.685。

c. 加权常量为 1.700、3.400 和 8.500。

d. 加权常量为 1.340π。

3. 极值				
			案例号	值
船舶工业单位 面积用海系数	最高	1	8	14.92
		2	4	8.41
		3	13	7.88
		4	3	6.42
		5	22	4.68
	最低	1	20	0.02
		2	16	0.26
		3	2	0.31
		4	18	0.34
		5	15	0.52

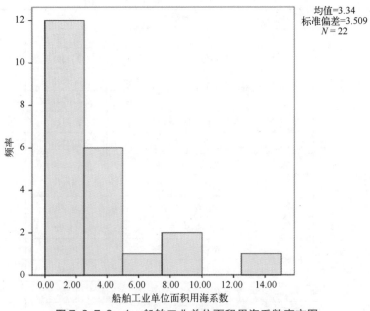

均值=3.34
标准偏差=3.509
$N = 22$

图 7.3.7.2 -1　船舶工业单位面积用海系数直方图

由"1. 描述"一表中可以看出船舶工业单位面积用海系数均值为3.3391，其标准误（均方误差）为0.748 03，说明均数抽样分布地离散程度较小。由"2. M 估计器"一表中可看出 Tukey、Hampel、Andrews 估计数值分别为 2.1919、2.4433 和 2.1826，与均值 3.3391 相比有一定差距，说明异常值和极端值对数据有一定的影响。从"3. 极值"一表中可看出极端值频率较小。因此，建议选取 Hampel 估计值 2.4433 来代替均值，以更好地反映集中趋势。所以，在制定船舶工业填海项目单位面积用海系数指标控制值时，建议约束在 2.5 左右。

2）单位岸线用海系数

船舶工业填海项目的单位岸线用海系数共测算了 19 个样本，其中辽宁省 3 个、山东省 4 个、浙江省 12 个，样本点测算值见表 7.3.7.2-3。

表 7.3.7.2-3　船舶工业单位岸线用海系数指标值测算

省份	序号	项目名称	单位岸线用海系数（米/万元）
辽宁	1	×××修船建设项目	0.0111
	2	×××造船工业有限公司造船基地项目	0.0030
	3	×××20 万载重吨/年船舶制造项目	0.0059
		平均值	**0.0066**
山东	4	×××船业有限公司	0.0979
	5	×××船厂建设项目	0.0037
	6	×××船厂整体搬迁扩建工程	0.0081
	7	×××重工业有限公司	0.1063
		平均值	**0.0540**
浙江	8	×××特种船舶修造项目	0.0165
	9	×××8 万吨造船基地项目	0.0096
	10	×××配套工程建设项目	0.0784
	11	×××船业有限公司技术改造项目	0.0159
	12	×××修船基地建设项目	0.0142
	13	×××船业有限公司船舶建造及码头建设项目	0.0065
	14	×××船舶建造项目	0.0600
	15	×××船台、码头	0.0417
	16	×××船舶建造一期工程	0.0092
	17	×××船业有限公司造船基地建设项目	0.0001
	18	×××造船有限公司二期扩建工程	0.0152

省份	序号	项目名称	单位岸线用海系数 （米/万元）
浙江	19	×××新建船厂工程	0.0203
		平均值	**0.0240**
		总平均值	**0.0276**

下面对样本数据做统计分析见表(7.3.7.2-4 和图 7.3.7.2-2)：

表 7.3.7.2-4　船舶工业单位岸线用海系数描述统计

			统计量	标准误
1. 描述				
船舶工业单位 岸线用海系数	均值		0.027 558	0.007 604
	均值的95%置信区间	下限	0.011 582	
		上限	0.043 534	
	5%修整均值		0.024 709	
	中值		0.014 200	
	方差		0.001	
	标准差		0.033 145 7	
	极小值		0.0001	
	极大值		0.1063	
	范围		0.1062	
	四分位距		0.0352	
	偏度		1.543	0.524
	峰度		1.118	1.014

	Huber 的 M-估计器[a]	Tukey 的 双权重[b]	Hampel 的 M-估计器[c]	Andrews 波[d]
2. M-估计器				
船舶工业单位 岸线用海系数	0.013 939	0.010 072	0.011 180	0.009 992

a. 加权常量为 1.339。

b. 加权常量为 4.685。

c. 加权常量为 1.700、3.400 和 8.500。

d. 加权常量为 1.340π。

续表

3. 极值				案例号	值
船舶工业单位岸线用海系数	最高		1	7	0.1063
			2	4	0.0979
			3	10	0.0784
			4	14	0.0600
			5	15	0.0417
	最低		1	17	0.0001
			2	2	0.0030
			3	5	0.0037
			4	3	0.0059
			5	13	0.0065

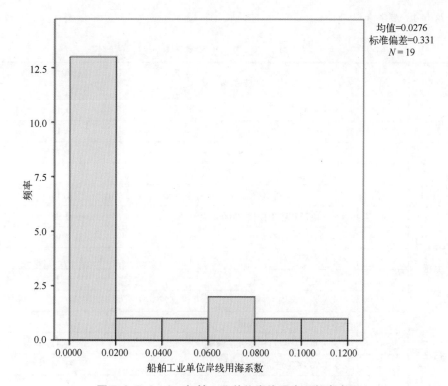

图 7.3.7.2 −2　船舶工业单位岸线用海系数直方图

　　由"1. 描述"一表中可以看出，船舶工业单位岸线用海系数均值为
0.027 558,其标准误（均方误差）为 0.007 604，说明均数抽样分布地离散程

度很小。由"2. M估计器"一表中可看出 Tukey、Hampel、Andrews 估计数值分别为 0.010 072、0.011 180 和 0.009 992，与均值 0.027 558 相比差距不大，说明数据受异常值和极端值影响程度较低，从直方图（见图 7.3.7.1－2）中也可清晰看出多数样本点落在区间[0, 0.02]之间。因此，这里取 M 估计值更为合适，不妨取 Hampel 估计值 0.011 180 来代替均值，以更好地反映集中趋势。所以，在制定船舶工业填海项目单位岸线用海系数指标控制值时，建议约束在 0.0112 左右。

7.3.7.3　电力工业

1）单位面积用海系数

电力工业填海项目的单位面积用海系数共测算了 10 个样本，其中山东省 1 个、广东省 2 个、浙江省 1 个、天津市 1 个、福建省 5 个，样本点测算值见表 7.3.7.3－1。

表 7.3.7.3－1　电力工业单位面积用海系数指标值测算

省份	序号	项目名称	单位面积用海系数（平方米/万元）
山东	1	×××核电厂	0.15
		平均值	**0.15**
广东	2	×××核电三期扩建工程	1.76
	3	×××发电厂	0.57
		平均值	**1.16**
浙江	4	×××电厂新建工程(2×100兆瓦)	0.95
		平均值	**0.95**
天津	5	×××电厂项目	1.26
		平均值	**1.26**
福建	6	×××核电一期工程	0.10
	7	×××核电一期工程项目	0.24
	8	×××热电厂项目用海方案调整	1.41
	9	×××20兆瓦光伏发电项目	0.04
	10	×××火电厂工程	1.70
		平均值	**0.70**
		总平均值	**0.82**

对样本数据做统计分析(见表7.3.7.3-2和图7.3.7.3-1):

表7.3.7.3-2 电力工业单位面积用海系数描述统计

1. 描述				
			统计量	标准误
电力工业单位面积用海系数	均值		0.8180	0.215 80
	均值的95%置信区间	下限	0.3298	
		上限	1.3062	
	5%修整均值		0.8089	
	中值		0.7600	
	方差		0.466	
	标准差		0.682 41	
	极小值		0.04	
	极大值		1.76	
	范围		1.72	
	四分位距		1.35	
	偏度		0.206	0.687
	峰度		-1.823	1.334

2. M-估计器				
	Huber 的 M-估计器[a]	Tukey 的 双权重[b]	Hampel 的 M-估计器[c]	Andrews 波[d]
电力工业单位面积用海系数	0.8006	0.8041	0.8180	0.8040

a. 加权常量为1.339。
b. 加权常量为4.685。
c. 加权常量为1.700、3.400和8.500。
d. 加权常量为1.340π。

3. 极值				
			案例号	值
电力工业单位面积用海系数	最高	1	2	1.76
		2	10	1.70
		3	8	1.41
		4	5	1.26
		5	4	0.95
	最低	1	9	0.04
		2	6	0.10
		3	1	0.15
		4	7	0.24
		5	3	0.57

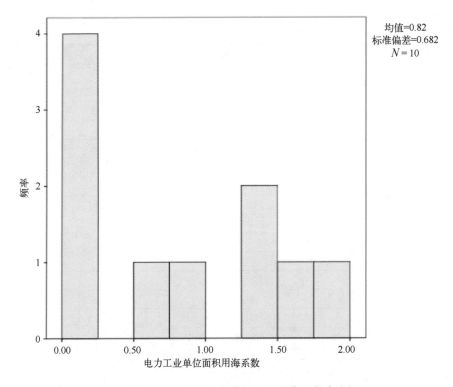

图 7.3.7.3 -1　电力工业单位面积用海系数直方图

由"1. 描述"一表中可以看出，电力工业单位面积用海系数均值为
0.8180，其标准误（均方误差）为 0.215 80，说明均数抽样分布地离散程度
很小。由"2. M 估计器"一表中可看出 Tukey、Hampel、Andrews 估计数值
分别为 0.8041、0.8180 和 0.8040，与均值 0.8180 相比几乎没有差距，说
明数据不存在异常值和极端值，从直方图（见图 7.3.7.3 -1）中也可清晰看
出样本点在区间 [0，2] 之间分布相对比较均匀。因此这里取均值就能很好
地反映集中趋势。所以，在制定电力工业填海项目单位面积用海系数指标
控制值时，建议约束在 0.82 左右。

2）单位岸线用海系数

电力工业填海项目的单位岸线用海系数共测算了 8 个样本，其中
山东省 2 个、广东省 1 个、浙江省 2 个、福建省 3 个，样本点测算值见
表 7.3.7.3 -3。

表7.3.7.3－3　电力工业单位岸线用海系数指标值测算

省份	序号	项目名称	单位岸线用海系数（米/万元）
山东	1	×××核电厂	0.0020
山东	2	×××电厂一期(2×1000兆瓦)机组工程项目	0.0034
山东	平均值		**0.0027**
广东	3	×××发电厂	0.0035
广东	平均值		**0.0035**
浙江	4	×××电厂用海项目	0.0298
浙江	5	×××电厂新建工程(2×100兆瓦)	0.0014
浙江	平均值		**0.0156**
福建	6	×××核电一期工程	0.0016
福建	7	×××热电厂项目用海方案调整	0.0025
福建	8	×××20兆瓦光伏发电项目	0.0350
福建	平均值		**0.0130**
总平均值			**0.0099**

下面对样本数据做统计分析(见表7.3.7.3－4和图7.3.7.3－2)：

表7.3.7.3－4　电力工业单位岸线用海系数描述统计

1. 描述			统计量	标准误
电力工业单位岸线用海系数	均值		0.009 910 50	0.004 939 649
	均值的95%置信区间	下限	－0.001 769 91	
		上限	0.021 590 91	
	5%修整均值		0.008 988 22	
	中值		0.002 931 50	
	方差		0.000	
	标准差		0.013 971 438	
	极小值		0.001 445	
	极大值		0.034 977	
	范围		0.033 532	
	四分位距		0.021 513	
	偏度		1.470	0.752
	峰度		0.252	1.481

续表

2. M - 估计器				
	Huber 的 M - 估计器[a]	Tukey 的 双权重[b]	Hampel 的 M - 估计器[c]	Andrews 波[d]
电力工业单位 岸线用海系数	0.002 900 74	0.002 402 25	0.002 412 17	0.002 402 12

a. 加权常量为 1.339。

b. 加权常量为 4.685。

c. 加权常量为 1.700、3.400 和 8.500。

d. 加权常量为 1.340π。

3. 极值[e]				
			案例号	值
电力工业单位 岸线用海系数	最高	1	8	0.034 977
		2	4	0.029 834
		3	3	0.003 491
		4	2	0.003 378
	最低	1	5	0.001 445
		2	6	0.001 633
		3	1	0.002 041
		4	7	0.002 485

e. 请求的极值数量超出了数据点的数量。将显示较少数量的极值。

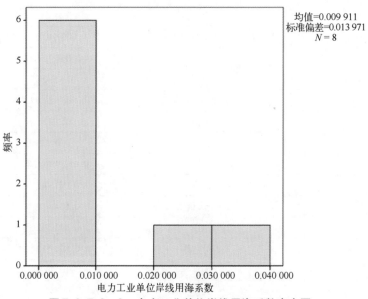

均值=0.009 911
标准偏差=0.013 971
$N = 8$

图 7.3.7.3-2　电力工业单位岸线用海系数直方图

由"1. 描述"一表中可以看出电力工业单位岸线用海系数均值为0.009 910 50，其标准误（均方误差）为0.004 939 649，说明均数抽样分布地离散程度较大。由"2. M 估计器"一表中可看出 Tukey、Hampel、Andrews 估计数值分别为 0.002 402 25、0.002 412 17 和 0.002 402 12，与均值0.009 910 50 相比差距很大，说明数据存在异常值和极端值，从直方图（见图 7.3.7.3 -2）中也可清晰看出有两个极端样本点落在区间[0.02, 0.04]。因此这里取 M 估计值更为合适，不妨取 Hampel 估计值 0.002 412 17 来代替均值，以更好地反映集中趋势。所以，在制定电力工业填海项目单位岸线用海系数指标控制值时，建议约束在 0.0024 左右。

7.3.7.4 石化工业

1）单位面积用海系数

石化工业填海项目的单位面积用海系数共测算了 12 个样本，其中辽宁省 2 个、山东省 3 个、广东省 2 个、浙江省 5 个，样本点测算值见表7.3.7.4 -1。

表 7.3.7.4 -1 石化工业单位面积用海系数指标值测算

省份	序号	项目名称	单位面积用海系数（平方米/万元）
辽宁	1	×××石化有限公司年产 50 万吨 PTA 项目	0.89
	2	×××石化有限公司	1.67
		平均值	**1.28**
山东	3	×××液体化工有限公司	2.82
	4	×××液体仓储有限公司	47.70
	5	×××炼化公司排洪集水区项目	76.37
		平均值	**42.30**
广东	6	×××液化天然气应急调峰站	0.57
	7	×××炼油项目	0.07
		平均值	**0.32**

续表

省份	序号	项目名称	单位面积用海系数 （平方米/万元）
浙江	8	×××石化储运项目	0.54
	9	×××石化有限责任公司小干油库	1.70
	10	×××燃料油转运码头及配套工程项目	1.17
	11	×××石化有限公司 PTA 项目	0.01
	12	×××建造基地一期工程	1.88
		平均值	**1.06**
总平均值			**11.28**

由表 7.3.7.4-1 可以看出，样本点数据分散，随机性和极差较大。为排除异常值和极端值的影响，下面对样本数据做统计分析（见表 7.3.7.4-2 和图 7.3.7.4-1）。

表 7.3.7.4-2 石化工业单位面积用海系数描述统计

1. 描述			统计量	标准误
石化工业单位 面积用海系数	均值		11.2825	7.071 11
	均值的95%置信区间	下限	-4.2809	
		上限	26.8459	
	5%修整均值		8.2928	
	中值		1.4200	
	方差		600.007	
	标准差		24.495 04	
	极小值		0.01	
	极大值		76.37	
	范围		76.36	
	四分位距		2.04	
	偏度		2.326	0.637
	峰度		4.640	1.232

2. M-估计器				
	Huber 的 M-估计器[a]	Tukey 的 双权重[b]	Hampel 的 M-估计器[c]	Andrews 波[d]
石化工业单位 面积用海系数	1.3693	1.0966	1.1080	1.0967

a. 加权常量为 1.339。

b. 加权常量为 4.685。

c. 加权常量为 1.700、3.400 和 8.500。

d. 加权常量为 1.340π。

3. 极值					
				案例号	值
石化工业单位面积用海系数	最高	1		5	76.37
		2		4	47.70
		3		3	2.82
		4		12	1.88
		5		9	1.70
	最低	1		11	0.01
		2		7	0.07
		3		8	0.54
		4		6	0.57
		5		1	0.89

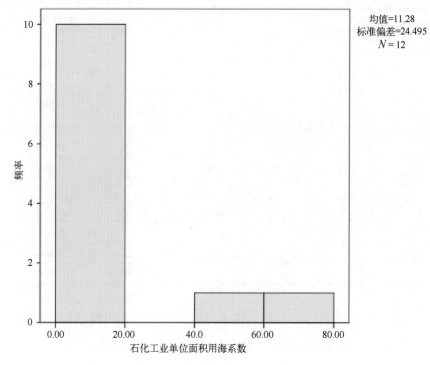

图 7.3.7.4 - 1 石化工业单位面积用海系数直方图

由"1. 描述"一表中可以看出石化工业单位面积用海系数均值为11.2825，其标准误（均方误差）为7.071 11，说明均数抽样分布地离散程度很大。由"2. M 估计器"一表中可看出 Tukey、Hampel、Andrews 估计数值分别为1.0966、1.1080 和 1.0967，与均值 11.2825 相比差距很大，说明数据存在异常值和极端值，从直方图（见图7.3.7.4 - 1）和"3. 极值"一表中也可清晰看出在区间[40，80]间存在两个异常样本点。因此这里取 M 估计值更为合适，不妨取 Hampel 估计值 1.1080 来代替均值，以更好地反映集中趋势。所以，在制定石化工业填海项目单位面积用海系数指标控制值时，建议约束在 1.1080 左右。

2）单位岸线用海系数

石化工业填海项目的单位岸线用海系数共测算了 8 个样本，其中辽宁省 3 个、山东省 3 个、广东省 2 个，样本点测算值见表7.3.7.4 - 3。

表7.3.7.4 - 3　石化工业单位岸线用海系数指标值测算

省份	序号	项目名称	单位岸线用海系数（米/万元）
辽宁	1	×××液化天然气项目	0.0020
	2	×××石化有限公司年产 50 万吨 PTA 项目	0.0040
	3	×××石化有限公司	0.0004
		平均值	**0.0021**
山东	4	×××液体化工有限公司	0.0138
	5	×××液体仓储有限公司	0.0138
	6	×××炼化公司排洪集水区项目	0.2065
		平均值	**0.0780**
广东	7	×××液化天然气应急调峰站	0.0001
	8	×××液化天然气项目	0.0011
		平均值	**0.0006**
总平均值			**0.0302**

由表7.3.7.4 - 3可以看出，样本点数据分散，随机性和极差较大。为排除异常值和极端值的影响，下面对样本数据做统计分析（见表7.3.7.4 - 4 和图7.3.7.4 - 2）：

表 7.3.7.4 - 4　石化工业单位岸线用海系数描述统计

1. 描述				
			统计量	标准误
石化工业单位岸线用海系数	均值		0.030 209 75	0.025 270 899
	均值的95% 置信区间	下限	- 0.029 546 43	
		上限	0.089 965 93	
	5%修整均值		0.022 085 11	
	中值		0.002 993 00	
	方差		0.005	
	标准差		0.071 476 897	
	极小值		0.000 114	
	极大值		0.206 549	
	范围		0.206 435	
	四分位距		0.013 224	
	偏度		2.793	0.752
	峰度		7.848	1.481

2. M - 估计器			
	Huber 的 M - 估计器[a]	Tukey 的 双权重[b]	Hampel 的 M - 估计器[c]	Andrews 波[d]
石化工业单位岸线用海系数	0.003 712 23	0.001 525 08	0.003 204 13	0.001 483 56

a. 加权常量为 1.339。
b. 加权常量为 4.685。
c. 加权常量为 1.700、3.400 和 8.500。
d. 加权常量为 1.340π。

3. 极值[e]				
			案例号	值
石化工业单位岸线用海系数	最高	1	6	0.206 549
		2	5	0.013 793
		3	4	0.013 770
		4	2	0.004 012
	最低	1	7	0.000 114
		2	3	0.000 394
		3	8	0.001 072
		4	1	0.001 974

e. 请求的极值数量超出了数据点的数量。将显示较少数量的极值。

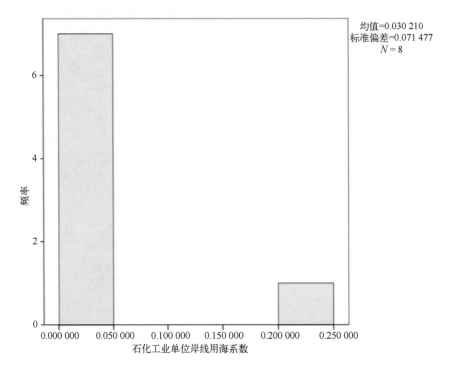

均值=0.030 210
标准偏差=0.071 477
N = 8

石化工业单位岸线用海系数

图 7.3.7.4 - 2　石化工业单位岸线用海系数直方图

由"1. 描述"一表中可以看出石化工业单位岸线用海系数均值为
0.030 209 75，其标准误（均方误差）为 0.025 270 899，说明均数抽样分布
地离散程度很大。由"2. M 估计器"一表中可看出 Tukey、Hampel、Andrews
估计数值分别为 0.001 525 08、0.003 204 13 和 0.001 483 56，与均值
0.030 209 75 相比差距很大，说明数据存在异常值和极端值，从直方图（见
图 7.3.7.4 - 2）和"3. 极值"一表中也可清晰看出有一个异常样本点存在。
因此这里取 M 估计值更为合适，不妨取 Hampel 估计值 0.003 204 13 来代
替均值，以更好地反映集中趋势。所以，在制定石化工业填海项目单位岸
线用海系数指标控制值时，建议约束在 0.003 2 左右。

7.3.7.5　其他工业

1）单位面积用海系数

其他工业填海项目的单位面积用海系数共测算了 25 个样本，其中辽
宁省 4 个、山东省 2 个、浙江省 19 个，样本点测算值见表 7.3.7.5 - 1。

表 7.3.7.5-1 其他工业单位面积用海系数指标值测算

省份	序号	项目名称	单位面积用海系数（平方米/万元）
辽宁	1	×××海洋工程建设项目	7.73
	2	×××腐蚀防护材料及石油装备新建项目	3.34
	3	×××大、重型压力容器项目	1.58
	4	×××50万吨/年金属表面防腐处理项目	8.87
		平均值	**5.38**
山东	5	×××海洋石油工程制造基地三期项目	1.12
	6	×××海洋重工有限公司海洋工程重型装备制造项目	2.52
		平均值	**1.82**
浙江	7	×××制药机械标准厂房	3.38
	8	×××机械精加工中心	3.23
	9	×××模具车床精密机械园	3.38
	10	×××新能源装备工业园	3.39
	11	×××水产品深加工基地	3.06
	12	×××针织服装产业园	3.23
	13	×××海洋生物产业园	3.28
	14	×××粮油·水产品交易集散中心	3.86
	15	×××工程塑料工业园	3.38
	16	×××建筑机械标准厂房	3.47
	17	×××电子汽车产业园	3.23
	18	×××汽摩配标准厂房	3.18
	19	×××机械电子工业园	3.39
	20	×××食品加工园	3.23
	21	×××制鞋机械标准厂房	3.38
	22	×××包装机械标准厂房	3.23
	23	×××海洋工程建造基地一期工程	1.00
	24	×××大型预制生产基地	9.05
	25	×××污水处理厂项目	13.33
		平均值	**4.04**
总平均值			**4.07**

由表 7.3.7.5-1 可以看出，样本点数据分散，随机性和极差较大。为排除异常值和极端值的影响，下面对样本数据做统计分析（见表 7.3.7.5-2 和图 7.3.7.5-1）。

表 7.3.7.5-2　其他工业单位面积用海系数描述统计

1. 描述			统计量	标准误
其他工业单位 面积用海系数	均值		4.0736	0.552 94
	均值的 95% 置信区间	下限	2.9324	
		上限	5.2148	
	5% 修整均值		3.7763	
	中值		3.3400	
	方差		7.643	
	标准差		2.764 69	
	极小值		1.00	
	极大值		13.33	
	范围		12.33	
	四分位距		0.23	
	偏度		2.130	0.464
	峰度		4.719	0.902

2. M-估计器	Huber 的 M-估计器[a]	Tukey 的 双权重[b]	Hampel 的 M-估计器[c]	Andrews 波[d]
其他工业单位 面积用海系数	3.3146	3.3038	3.3078	3.3038

a. 加权常量为 1.339。
b. 加权常量为 4.685。
c. 加权常量为 1.700、3.400 和 8.500。
d. 加权常量为 1.340π。

3. 极值			案例号	值
其他工业单位 面积用海系数	最高	1	25	13.33
		2	24	9.05
		3	4	8.87
		4	1	7.73
		5	14	3.86
	最低	1	23	1.00
		2	5	1.12
		3	3	1.58
		4	6	2.52
		5	11	3.06

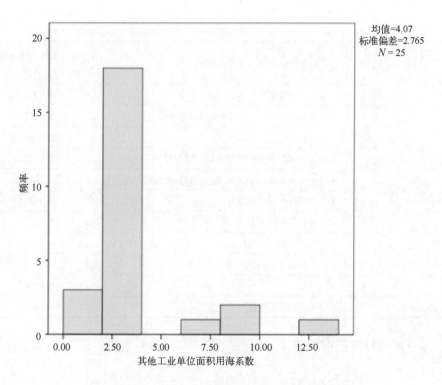

图 7.3.7.5 - 1   其他工业单位面积用海系数直方图

由"1. 描述"一表中可以看出，其他工业单位面积用海系数均值为
4.0736，其标准误(均方误差)为 0.552 94，说明均数抽样分布地离散程度
较小。由"2. M 估计器"一表中可看出 Tukey、Hampel、Andrews 估计数值
分别为 3.3038、3.3078 和 3.3038，与均值 4.0736 相比有一定程度差距，
说明数据存在异常值和极端值，从直方图(见图 7.3.7.5 - 1)和"3. 极值"
一表中也可清晰看出在极端样本点的存在。因此这里取 M 估计值更为合
适，不妨取 Hampel 估计值 3.3078 来代替均值，以更好地反映集中趋势。
所以，在制定其他工业填海项目单位面积用海系数指标控制值时，建议约
束在 3.3078 左右。

2) 单位岸线用海系数

其他工业填海项目的单位岸线用海系数共测算了 6 个样本，其中辽
宁省 2 个、山东省 2 个、广东省 1 个、浙江省 1 个，样本点测算值见

表 7.3.7.5 - 3。

表 7.3.7.5 - 3　其他工业单位岸线用海系数指标值测算

省份	序号	项目名称	单位岸线用海系数（米/万元）
辽宁	1	×××大、重型压力容器项目	0.0023
	2	×××50万吨/年金属表面防腐处理项目	0.0116
		平均值	**0.0069**
山东	3	×××海洋石油工程制造基地三期项目	0.0025
	4	×××海洋重工有限公司海洋工程重型装备制造项目	0.0052
		平均值	**0.0039**
广东	5	×××综合开发项目	0.0004
		平均值	**0.0004**
浙江	6	×××海洋工程建造基地一期工程	0.0094
		平均值	**0.0094**
		总平均值	**0.0052**

下面对样本数据做统计分析(见表 7.3.7.5 - 4 和图 7.3.7.5 - 2)：

表 7.3.7.5 - 4　其他工业单位岸线用海系数描述统计

1. 描述			统计量	标准误
其他工业单位岸线用海系数	均值		0.005 218 67	0.001 800 620
	均值的95% 置信区间	下限	0.000 590 02	
		上限	0.009 847 31	
	5%修整均值		0.005 132 96	
	中值		0.003 861 50	
	方差		0.000	
	标准差		0.004 410 601	
	极小值		0.000 400	
	极大值		0.011 580	
	范围		0.011 180	
	四分位距		0.008 158	
	偏度		0.598	0.845
	峰度		- 1.422	1.741

续表

2. M – 估计器				
	Huber 的 M – 估计器[a]	Tukey 的 双权重[b]	Hampel 的 M – 估计器[c]	Andrews 波[d]
其他工业单位 岸线用海系数	0. 004 447 89	0. 004 445 00	0. 004 749 18	0. 004 453 61

a. 加权常量为 1. 339。

b. 加权常量为 4. 685。

c. 加权常量为 1. 700、3. 400 和 8. 500。

d. 加权常量为 1. 340π。

3. 极值[e]			案例号	值
其他工业单位 岸线用海系数	最高	1	2	0. 011 580
		2	6	0. 009 380
		3	4	0. 005 211
	最低	1	5	0. 000 400
		2	1	0. 002 229
		3	3	0. 002 512

e. 请求的极值数量超出了数据点的数量。将显示较少数量的极值。

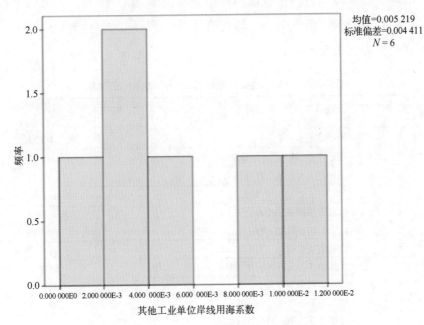

图 7. 3. 7. 5 – 2　其他工业单位岸线用海系数直方图

由"1. 描述"一表中可以看出，其他工业单位岸线用海系数均值为 0.005 218 67，其标准误（均方误差）为 0.001 800 620，说明均数抽样分布地离散程度较小。由"2. M 估计器"一表中可看出 Tukey、Hampel、Andrews 估计数值分别为 0.004 445 00、0.004 749 18 和 0.004 453 61，与均值 0.005 218 67 相比差距不是很大，但其他工业单位岸线用海系数样本量过少，不能认定数据存在异常值和极端值，从直方图（见图 7.3.7.5 − 2）中也可清晰看出少量样本分布较为均匀。因此，这里取 M 估计值不太合适，暂取均值 0.0052 来反映集中趋势。所以，在制定其他工业填海项目单位岸线用海系数指标控制值时，建议约束在 0.0052 左右。

7.3.8 单位面积产值和单位岸线产值

本节主要测算港口工程、船舶工业、电力工业及石化工业等海洋产业填海项目单位面积产值和单位岸线产值。

7.3.8.1 港口工程

1）单位面积产值

港口工程填海项目的单位面积产值共测算了 21 个样本，其中辽宁省 3 个、山东省 7 个、广东省 7 个、浙江省 1 个，广西壮族自治区 3 个，样本点测算值见表 7.3.8.1 − 1。

表 7.3.8.1 − 1　港口工程单位面积产值指标值测算

省份	序号	项目名称	单位面积产值（万元/公顷）
辽宁	1	×××港区通用杂货泊位	48.09
	2	×××港区 3 号、4 号、5 号散杂泊位工程	241.37
	3	×××港一期工程迁建工程项目	496.27
		平均值	**261.91**
山东	4	×××区通用泊位和工作船码头工程	165.98
	5	×××港木片码头续建工程	6287.68
	6	×××港区集装箱码头一期工程	101.87
	7	×××大炼油工程大件运输件杂货码头项目	1638.14
	8	×××港货运码头工程	419.40
	9	×××港货运码头工程	49.29
	10	×××港扩建二期填海工程 7 号、11 号、12 号泊位及护岸堆场	334.26
		平均值	**1285.23**

省份	序号	项目名称	单位面积产值（万元/公顷）
广东	11	×××港区一期工程	359.95
	12	×××港区二期工程	265.54
	13	×××港 12 号、13 号泊位及 13 号泊位延长段	**10 153.00**
	14	×××石化码头及配套设施项目	6589.89
	15	×××联运码头一期项目多用途码头工程	346.09
	16	×××石化码头	1250.46
	17	×××游艇码头项目	252.29
		平均值	**2745.32**
浙江	18	×××集装箱码头工程项目	383.92
		平均值	**383.92**
广西	19	×××港整箱作业区项目	42.53
	20	×××港铁路集装箱作业区项目	41.63
	21	×××港区液体散货泊位工程项目	95.87
		平均值	**60.01**
		总平均值	**1407.79**

由表7.3.8.1-1可以看出，样本点数据分散，随机性和极差较大。为排除异常值和极端值的影响，下面对样本数据做统计分析（见表7.3.8.1-2和图7.3.8.1-1）。

表7.3.8.1-2 港口工程单位面积产值描述统计

1. 描述			统计量	标准误
港口工程单位面积产值	均值		1407.7867	597.318 36
	均值的95%置信区间	下限	161.8024	
		上限	2653.7709	
	5%修整均值		1007.2629	
	中值		334.2600	
	方差		7 492 573.630	
	标准差		2737.256 59	
	极小值		41.63	
	极大值		10 153.00	
	范围		10 111.37	
	四分位距		774.50	
	偏度		2.416	0.501
	峰度		5.119	0.972

续表

2. M-估计器				
	Huber 的 M-估计器[a]	Tukey 的 双权重[b]	Hampel 的 M-估计器[c]	Andrews 波[d]
港口工程 单位面积产值	325.0292	228.0483	260.7889	227.1010

a. 加权常量为 1.339。

b. 加权常量为 4.685。

c. 加权常量为 1.700、3.400 和 8.500。

d. 加权常量为 1.340π。

3. 极值				案例号	值
港口工程 单位面积产值	最高		1	13	10 153.00
			2	14	6589.89
			3	5	6287.68
			4	7	1638.14
			5	16	1250.46
	最低		1	20	41.63
			2	19	42.53
			3	1	48.09
			4	9	49.29
			5	21	95.87

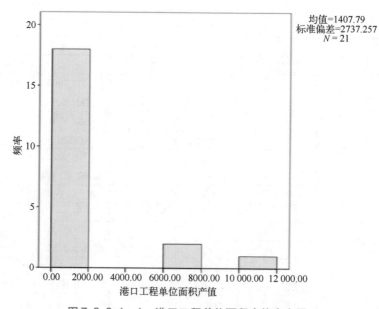

图7.3.8.1-1　港口工程单位面积产值直方图

由"1. 描述"一表中可以看出港口工程单位面积产值均值为 1407.7867，其标准误（均方误差）为 597.318 36，说明均数抽样分布地离散程度较小。由"2. M 估计器"一表中可看出 Tukey、Hampel、Andrews 估计数值分别为 228.0483、260.7889 和 227.1010，与均值 1407.7867 相比有较大差距，说明数据存在异常值和极端值，从"3. 极值"表中和直方图（见图 7.3.8.1–1）中也可清晰看出样本分布极差很大，存在极端值。因此，这里取 M 估计值来代替均值，不妨取 Hampel 估计值 260.7889 来反映集中趋势。所以，在制定港口工程填海项目单位面积产值指标控制值时，建议约束在 260 左右。

2）单位岸线产值

港口工程填海项目的单位岸线产值共测算了 18 个样本，其中辽宁省 3 个、山东省 7 个、广东省 6 个、浙江省 1 个、广西壮族自治区 1 个，样本点测算值见表 7.3.8.1–3。

表 7.3.8.1–3　港口工程单位岸线产值指标值测算

省份	序号	项目名称	单位岸线产值（万元/米）
辽宁	1	×××港区通用杂货泊位	5.73
	2	×××港区3号、4号、5号散杂泊位工程	29.84
	3	×××港一期工程迁建工程项目	23.41
		平均值	**19.66**
山东	4	×××港区通用泊位和工作船码头工程	1.38
	5	×××港木片码头续建工程	33.95
	6	×××港区集装箱码头一期工程	12.77
	7	×××大炼油工程大件运输件杂货码头项目	186.11
	8	×××港货运码头工程	4.97
	9	×××港货运码头工程	8.57
	10	×××港扩建二期填海工程7号、11号、12号泊位及护岸堆场	5.82
		平均值	**36.22**

省份	序号	项目名称	单位岸线产值（万元/米）
广东	11	×××港区一期工程	46.79
	12	×××港区二期工程	30.28
	13	×××港12号、13号泊位及13号泊位延长段	235.36
	14	×××石化码头及配套设施项目	84.16
	15	×××联运码头一期项目多用途码头工程	16.51
	16	×××石化码头	7.70
		平均值	**70.13**
浙江	17	×××集装箱码头工程项目	44.32
广西	18	×××港区液体散货泊位工程项目	11.07
		总平均值	**43.82**

由表7.3.8.1-3可以看出，样本点数据分散，随机性和极差较大，为排除异常值和极端值的影响，下面对样本数据做统计分析（见表7.3.8.1-4和图7.3.8.1-2）。

表7.3.8.1-4　港口工程单位岸线产值描述统计

1. 描述				
			统计量	标准误
港口工程单位岸线产值	均值		43.8189	15.232 21
	均值的95%置信区间	下限	11.6817	
		上限	75.9560	
	5%修整均值		35.5354	
	中值		19.9600	
	方差		4176.365	
	标准差		64.624 80	
	极小值		1.38	
	极大值		235.36	
	范围		233.98	
	四分位距		37.71	
	偏度		2.339	0.536
	峰度		4.915	1.038

2. M - 估计器				
	Huber 的 M - 估计器[a]	Tukey 的 双权重[b]	Hampel 的 M - 估计器[c]	Andrews 波[d]
港口工程单位 岸线产值	22. 1457	17. 8128	19. 8803	17. 8109

a. 加权常量为 1.339。

b. 加权常量为 4.685。

c. 加权常量为 1.700、3.400 和 8.500。

d. 加权常量为 1.340π。

3. 极值				
			案例号	值
港口工程单位 岸线产值	最高	1	13	235. 36
		2	7	186. 11
		3	14	84. 16
		4	11	46. 79
		5	17	44. 32
	最低	1	4	1. 38
		2	8	4. 97
		3	1	5. 73
		4	10	5. 82
		5	16	7. 70

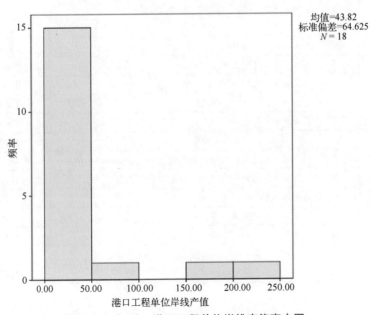

均值=43.82
标准偏差=64.625
$N = 18$

图 7. 3. 8. 1 - 2　港口工程单位岸线产值直方图

由"1. 描述"一表中可以看出港口工程单位岸线产值均值为 43.818 9，其标准误(均方误差)为 15.232 21，说明均数抽样分布地离散程度较大。由"2. M 估计器"一表中可看出 Tukey、Hampel、Andrews 估计数值分别为 17.8128、19.8803 和 17.8109，与均值 43.8189 相比有较大差距，说明数据存在异常值和极端值。从"3. 极值"一表中和直方图(见图 7.3.8.1 - 2)中也可清晰看出样本分布极差很大，存在极端值。因此这里取 M 估计值来代替均值，不妨取 Hampel 估计值 19.8803 来反映集中趋势。所以，在制定港口工程填海项目单位岸线产值指标控制值时，建议约束在 20 左右。

7.3.8.2 船舶工业

1)单位面积产值

船舶工业填海项目的单位面积产值共测算了 12 个样本，其中辽宁省 3个、山东省 3 个、广东省 1 个、浙江省 5 个，样本点测算值见表 7.3.8.2 - 1。

表 7.3.8.2 - 1 船舶工业单位面积产值指标值测算

省份	序号	项目名称	单位面积产值 (万元/公顷)
辽宁	1	×××修船建设项目	3101.22
	2	×××造船工业有限公司造船基地项目	5616.08
	3	×××20 万载重吨/年船舶制造项目	1892.55
		平均值	**3536.62**
山东	4	×××船厂整体搬迁扩建工程	1928.57
	5	×××重工业有限公司	1048.52
	6	×××造修船基地	1169.54
		平均值	**1382.21**
广东	7	×××修船基地	6803.80
		平均值	**6803.80**
浙江	8	×××船业有限公司船舶建造及码头建设项目	814.67
	9	×××船舶建造项目	1791.34
	10	×××船台、码头	1428.63
	11	×××船舶建造一期工程	5678.19
	12	×××新建船厂工程	3714.16
		平均值	**2685.40**
		总平均值	**2915.61**

由表 7.3.8.2 - 1 可以看出，样本点数据分散，随机性和极差较大，为

排除异常值和极端值的影响,下面对样本数据做统计分析(见表 7.3.8.2 - 2 和图 7.3.8.2 - 1)。

表 7.3.8.2 - 2　船舶工业单位面积产值描述统计

1. 描述				
			统计量	标准误
船舶工业单位面积产值	均值		2915.6058	597.718 31
	均值的 95% 置信区间	下限	1600.0367	
		上限	4231.1750	
	5% 修整均值		2816.3137	
	中值		1910.5600	
	方差		4 287 206.164	
	标准差		2070.556 97	
	极小值		814.67	
	极大值		6803.80	
	范围		5989.13	
	四分位距		3906.29	
	偏度		0.888	0.637
	峰度		-0.691	1.232

2. M - 估计器				
	Huber 的 M - 估计器[a]	Tukey 的双权重[b]	Hampel 的 M - 估计器[c]	Andrews 波[d]
船舶工业单位面积产值	2325.2306	1926.4243	2390.7048	1911.9628

a. 加权常量为 1.339。
b. 加权常量为 4.685。
c. 加权常量为 1.700、3.400 和 8.500。
d. 加权常量为 1.340π。

3. 极值				
			案例号	值
船舶工业单位面积产值	最高	1	7	6803.80
		2	11	5678.19
		3	2	5616.08
		4	12	3714.16
		5	1	3101.22
	最低	1	8	814.67
		2	5	1048.52
		3	6	1169.54
		4	10	1428.63
		5	9	1791.34

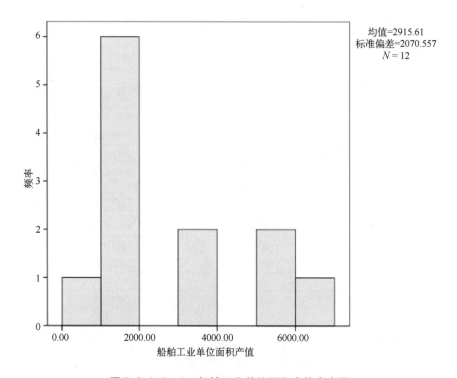

图 7.3.8.2-1　船舶工业单位面积产值直方图

由"1.描述"一表中可以看出,船舶工业单位面积产值均值为
2915.6058,其标准误(均方误差)为597.7183,说明均数抽样分布地离散
程度较大。由"2.M估计器"一表中可看出 Tukey、Hampel、Andrews 估计
数值分别为 1926.4243、2390.7048 和 1911.9628,与均值 2915.6058 相比
有较大差距,说明数据存在异常值和极端值。从"3.极值"表中和直方图
(见图 7.3.8.2-1)也可清晰看出样本分布极差很大,存在极端值。因此这
里取 M 估计值来代替均值,不妨取 Hampel 估计值 2390.7048 来反映集中
趋势。所以,在制定船舶工业填海项目单位面积产值指标控制值时,建议
约束在 2300 左右。

2)单位岸线产值

船舶工业填海项目的单位岸线产值共测算了 11 个样本,其中辽宁省 2
个、山东省 3 个、浙江省 6 个,样本点测算值见表 7.3.8.2-3。

表7.3.8.2-3 船舶工业单位岸线产值指标值测算

省份	序号	项目名称	单位岸线产值（万元/米）
辽宁	1	×××修船建设项目	68.08
	2	×××20万载重吨/年船舶制造项目	62.00
		平均值	**65.04**
山东	3	×××船业有限公司	205.74
	4	×××船厂整体搬迁扩建工程	76.97
	5	×××重工业有限公司	73.58
		平均值	**118.76**
浙江	6	×××8万吨造船基地项目	111.86
	7	×××船业有限公司船舶建造及码头建设项目	56.73
	8	×××船舶建造项目	83.33
	9	×××船台、码头	57.69
	10	×××船舶建造一期工程	147.24
	11	×××新建船厂工程	85.84
		平均值	**90.45**
		总平均值	**93.55**

由表7.3.8.2-3可以看出，样本点数据分散，随机性和极差较大。为排除异常值和极端值的影响，下面对样本数据做统计分析（见表7.3.8.2-4和图7.3.8.2-2）。

表7.3.8.2-4 船舶工业单位岸线产值描述统计

1. 描述			统计量	标准误
船舶工业单位岸线产值	均值		93.5509	13.79322
	均值的95%置信区间	下限	62.8177	
		上限	124.2841	
	5%修整均值		89.3638	
	中值		76.9700	
	方差		2092.783	
	标准差		45.74695	
	极小值		56.73	
	极大值		205.74	
	范围		149.01	
	四分位距		49.86	
	偏度		1.806	0.661
	峰度		3.033	1.279

续表

2. M－估计器				
	Huber 的 M－估计器[a]	Tukey 的 双权重[b]	Hampel 的 M－估计器[c]	Andrews 波[d]
船舶工业 单位岸线产值	78.1877	73.2241	76.0640	73.2386

a. 加权常量为 1.339。
b. 加权常量为 4.685。
c. 加权常量为 1.700、3.400 和 8.500。
d. 加权常量为 1.340π。

3. 极值				
			案例号	值
船舶工业 单位岸线产值	最高	1	3	205.74
		2	10	147.24
		3	6	111.86
		4	11	85.84
		5	8	83.33
	最低	1	7	56.73
		2	9	57.69
		3	2	62.00
		4	1	68.08
		5	5	73.58

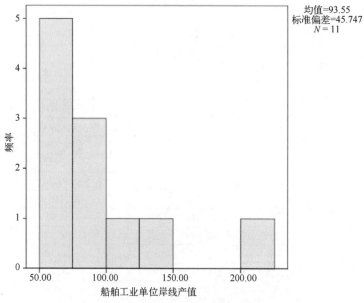

图7.3.8.2-2 船舶工业单位岸线产值直方图

　　由"1. 描述"一表中可以看出船舶工业单位岸线产值均值为93.5509，其标准误（均方误差）为13.793 22，说明均数抽样分布地离散程度较大。由"2. M 估计器"一表中可看出 Tukey、Hampel、Andrews 估计数值分别为73.2241、76.0640 和73.2386，与均值93.5509 相比有一定差距，说明数据存在异常值和极端值。从"3. 极值"表中和直方图（见图7.3.8.2 - 2）中也可清晰看出样本分布极差很大，存在极端值。因此这里取 M 估计值来代替均值，不妨取 Hampel 估计值76.0640 来反映集中趋势。所以，在制定船舶工业填海项目单位岸线产值指标控制值时，建议约束在75 左右。

7.3.8.3　电力工业

1）单位面积产值

电力工业填海项目的单位面积产值共测算了4 个样本，其中山东省1个、广东省2 个、浙江省1 个，样本点测算值见表7.3.8.3 -1。

表7.3.8.3 -1　电力工业单位面积产值指标值测算

省份	序号	项目名称	单位面积产值 （万元/公顷）
山东	1	×××核电厂	3193.55
广东	2	×××核电三期扩建工程	1120.30
	3	×××发电厂	6318.08
浙江	4	×××电厂用海	225.52
		平均值	**2714.36**

　　由表7.3.8.3 -1 可以看出，样本点数据分散，随机性和极差较大。为排除异常值和极端值的影响，下面对样本数据做统计分析（见表7.3.8.3 -2和图7.3.8.3 -1）。

表 7.3.8.3 - 2　电力工业单位面积产值描述统计

1. 描述			统计量	标准误
电力工业单位面积产值	均值		2714.3625	1352.521 49
	均值的 95% 置信区间	下限	-1589.9645	
		上限	7018.6895	
	5% 修整均值		2652.4250	
	中值		2156.9250	
	方差		7 317 257.575	
	标准差		2705.042 99	
	极小值		225.52	
	极大值		6318.08	
	范围		6092.56	
	四分位距		5087.73	
	偏度		0.924	1.014
	峰度		-0.206	2.619

2. M - 估计器	Huber 的 M - 估计器[a]	Tukey 的 双权重[b]	Hampel 的 M - 估计器[c]	Andrews 波[d]
电力工业单位面积产值	2175.1375	2188.1564	2353.0582	2198.9005

a. 加权常量为 1.339。

b. 加权常量为 4.685。

c. 加权常量为 1.700、3.400 和 8.500。

d. 加权常量为 1.340π。

3. 极值[a]			案例号	值
电力工业单位面积产值	最高	1	3	6318.08
		2	1	3193.55
	最低	1	4	225.52
		2	2	1120.30

e. 请求的极值数量超出了数据点的数量。将显示较少数量的极值。

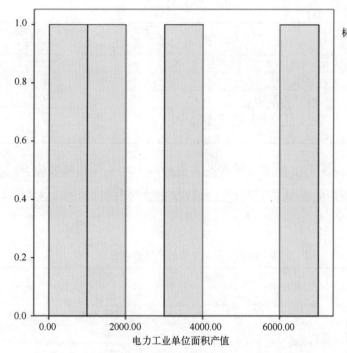

均值=2714.36
标准偏差=2705.043
$N = 4$

电力工业单位面积产值

图 7.3.8.3 - 1　电力工业单位面积产值直方图

由"1. 描述"一表中可以看出，电力工业单位面积产值均值为
2714. 3625，其标准误(均方误差)为 1352. 521 49，说明均数抽样分布地离
散程度特别大，这与电力工业单位面积产值样本点过少有直接关系。由
"2. M 估计器"一表中可看出 Tukey、Hampel、Andrews 估计数值分别为
2188. 1564、2353. 0582 和 2198. 9005，与均值 2714. 3625 相比有一定差距，
因此这里取 M 估计值来代替均值，不妨暂且取 Hampel 估计值 2353. 0582
来反映集中趋势。所以，在制定电力工业填海项目单位面积产值指标控制
值时，建议约束在 2300 左右。

2)单位岸线产值

电力工业填海项目的单位岸线产值共测算了 4 个样本，其中山东省 1
个、广东省 1 个、浙江省 1 个、福建省 1 个，样本点测算值见表 7. 3. 8. 3 - 3。

表 7.3.8.3-3　电力工业单位岸线产值指标值测算

省份	序号	项目名称	单位岸线产值（万元/米）
山东	1	×××核电厂	85.58
广东	2	×××发电厂	220.09
浙江	3	×××电厂用海项目	69.39
福建	4	×××热电厂项目用海方案调整	77.92
平均值			**113.24**

由表 7.3.8.3-3 可以看出，样本点数据分散，随机性和极差较大。为排除异常值和极端值的影响，下面对样本数据做统计分析（见表 7.3.8.3-4 和图 7.3.8.3-2）。

表 7.3.8.3-4　电力工业单位岸线产值描述统计

1. 描述				统计量	标准误
电力工业单位岸线产值	均值			113.2450	35.76815
	均值的 95% 置信区间		下限	-0.5852	
			上限	227.0752	
	5% 修整均值			109.7456	
	中值			81.7500	
	方差			5117.441	
	标准差			71.53629	
	极小值			69.39	
	极大值			220.09	
	范围			150.70	
	四分位距			114.94	
	偏度			1.949	1.014
	峰度			3.831	2.619

2. M-估计器				
	Huber 的 M-估计器[a]	Tukey 的 双权重[b]	Hampel 的 M-估计器[c]	Andrews 波[d]
电力工业单位岸线产值	81.7500	77.6686	77.6300	77.6692

a. 加权常量为 1.339。

b. 加权常量为 4.685。

c. 加权常量为 1.700、3.400 和 8.500。

d. 加权常量为 1.340π。

3. 极值[e]			案例号	值
电力工业 单位岸线产值	最高	1	2	220.09
		2	1	85.58
	最低	1	3	69.39
		2	4	77.92

e. 请求的极值数量超出了数据点的数量。将显示较少数量的极值。

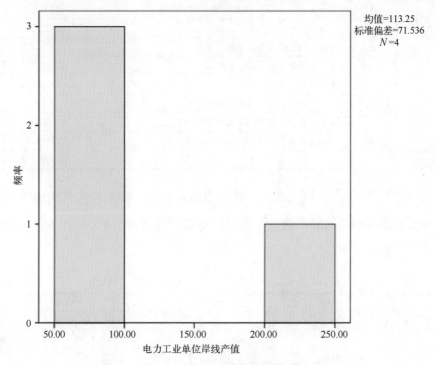

图 7.3.8.3-2　电力工业单位岸线产值直方图

由"1. 描述"一表中可以看出电力工业单位岸线产值均值为 113.2450，其标准误（均方误差）为 35.768 15，说明均数抽样分布地离散程度很大，这跟电力工业单位岸线产值样本点过少有直接关系。由"2. M 估计器"一表中可看出 Tukey、Hampel、Andrews 估计数值分别为 77.6686、77.6300 和 77.6692，与均值 113.2450 相比有一定差距，因此这里取 M 估计值来代替均值，不妨暂且取 Hampel 估计值 77.6300 来反映集中趋势。所以，在制定电力工业填海项目单位岸线产值指标控制值时，建议约束在 75 左右。

7.3.8.4 石化工业

1）单位面积产值

石化工业填海项目的单位面积产值共测算了 8 个样本，其中辽宁省 2 个、山东省 1 个、广东省 2 个、浙江省 3 个，样本点测算值见表 7.3.8.4 - 1。

表 7.3.8.4 - 1 石化工业单位面积产值系数指标值测算

省份	序号	项目名称	单位面积产值（万元/公顷）
辽宁	1	×××石化有限公司年产 50 万吨 PTA 项目	17 685.95
	2	×××石化有限公司	5227.60
山东	3	×××炼化公司排洪集水区项目	122.63
广东	4	×××液化天然气应急调峰站	14.71
	5	×××炼油项目	37 295.06
浙江	6	×××石化有限责任公司小干油库	4018.76
	7	×××燃料油转运码头及配套工程项目	441.44
	8	×××石化公司园山燃料油库码头工程	3406.81
		总平均值	8526.62

由表 7.3.8.4 - 1 可以看出，样本点数据分散，随机性和极差较大。为排除异常值和极端值的影响，下面对样本数据做统计分析（见表 7.3.8.4 - 2 和图 7.3.8.4 - 1）。

表 7.3.8.4 - 2 石化工业单位面积产值描述统计

1. 描述			统计量	标准误
石化工业单位面积产值	均值		8526.6200	4585.269 60
	均值的 95% 置信区间	下限	- 2315.8197	
		上限	19 369.0597	
	5% 修整均值		7401.2572	
	中值		3712.7850	
	方差		1.682×10^8	
	标准差		12 969.100 92	
	极小值		14.71	
	极大值		37 295.06	
	范围		37 280.35	
	四分位距		14 369.03	
	偏度		1.971	0.752
	峰度		3.677	1.481

续表

2. M - 估计器				
	Huber 的 M - 估计器[a]	Tukey 的 双权重[b]	Hampel 的 M - 估计器[c]	Andrews 波[d]
石化工业单位 面积产值	3736. 4595	2206. 5220	3010. 9209	2190. 9528

a. 加权常量为 1. 339。

b. 加权常量为 4. 685。

c. 加权常量为 1. 700、3. 400 和 8. 500。

d. 加权常量为 1. 340π。

3. 极值[e]			案例号	值
石化工业 单位面积产值	最高	1	5	37 295. 06
		2	1	17 685. 95
		3	2	5227. 60
		4	6	4018. 76
	最低	1	4	14. 71
		2	3	122. 63
		3	7	441. 44
		4	8	3406. 81

e. 请求的极值数量超出了数据点的数量。将显示较少数量的极值。

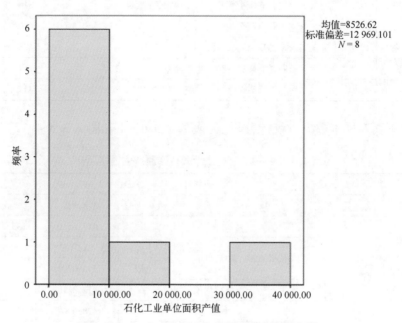

图 7. 3. 8. 4 - 1　石化工业单位面积产值直方图

由"1. 描述"一表中可以看出，石化工业单位面积产值均值为8526.6200，其标准误（均方误差）为4585.26960，说明均数抽样分布地离散程度较大。由"2. M估计器"一表中可看出 Tukey、Hampel、Andrews 估计数值分别为 2206.5220、3010.9209 和 2190.9528，与均值 8526.6200 相比有较大差距，说明数据存在异常值和极端值。从"3. 极值"表中和直方图（见图 7.3.8.4-1）中也可清晰看出样本分布极差很大，存在极端值。因此这里取 M 估计值来代替均值，不妨取 Hampel 估计值 3010.9209 来反映集中趋势。所以，在制定石化工业填海项目单位面积产值指标控制值时，建议约束在 3000 左右。

2）单位岸线产值

石化工业填海项目的单位岸线产值共测算了 5 个样本，其中辽宁省 3 个、广东省 1 个、浙江省 1 个，样本点测算值见表 7.3.8.4-3。

表 7.3.8.4-3　石化工业单位岸线产值系数指标值测算

省份	序号	项目名称	单位岸线产值（万元/米）
辽宁	1	×××液化天然气项目	130.35
	2	×××石化有限公司年产 50 万吨 PTA 项目	814.89
	3	×××石化有限公司	600.23
广东	4	×××炼油项目	428.08
浙江	5	×××石化有限责任公司小干油库	114.22
总平均值			**417.56**

下面对样本数据做统计分析（见表 7.3.8.4-4 和图 7.3.8.4-2）。

表 7.3.8.4-4　石化工业单位岸线产值描述统计

1. 描述				
			统计量	标准误
石化工业单位岸线产值	均值		417.5540	135.25067
	均值的 95% 置信区间	下限	42.0379	
		上限	793.0701	
	5%修整均值		412.3317	
	中值		428.0800	

续表

		统计量	标准误
石化工业单位岸线产值	方差	91 463.717	
	标准差	302.429 69	
	极小值	114.22	
	极大值	814.89	
	范围	700.67	
	四分位距	585.28	
	偏度	0.259	0.913
	峰度	−1.828	2.000

2. M－估计器

	Huber 的 M－估计器[a]	Tukey 的 双权重[b]	Hampel 的 M－估计器[c]	Andrews 波[d]
石化工业单位岸线产值	417.5540	413.7624	417.5540	413.7518

a. 加权常量为 1.339。
b. 加权常量为 4.685。
c. 加权常量为 1.700、3.400 和 8.500。
d. 加权常量为 1.340π。

3. 极值[e]

			案例号	值
石化工业单位岸线产值	最高	1	2	814.89
		2	3	600.23
	最低	1	5	114.22
		2	1	130.35

e. 请求的极值数量超出了数据点的数量。将显示较少数量的极值。

由"1. 描述"一表中可以看出石化工业单位岸线产值均值为417.5540，其标准误（均方误差）为135.250 67，说明均数抽样分布地离散程度较大。由"2. M 估计器"一表中可看出 Tukey、Hampel、Andrews 估计数值分别为413.7624、417.5540 和413.7518，与均值417.5540 相比几乎没有差距，说明数据存在异常值和极端值。从"3. 极值"表中和直方图（见图 7.3.8.4－2）中也可清晰看出样本分布均匀，不存在极端值。因此这里可以用均值417.5540 来反映集中趋势。所以，在制定石化工业填海项目单位岸线产值指标控制值时，建议约束在410 左右。

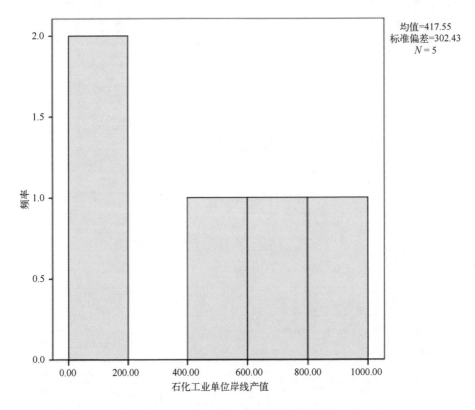

均值=417.55
标准偏差=302.43
$N = 5$

图7.3.8.4 -2 石化工业单位岸线产值直方图

7.3.9 单位面积产能和单位岸线产能

本节主要测算港口工程、船舶工业及石化工业等海洋产业填海项目单位面积产能和单位岸线产能。

7.3.9.1 港口工程

1)单位面积产能

港口工程填海项目的单位面积产能共测算了34个样本,其中辽宁省3个、山东省15个、广东省5个、浙江省7个、广西壮族自治区3个、河北省1个,样本点测算值见表7.3.9.1 -1。

表 7.3.9.1 - 1　港口工程单位面积产能指标值测算

省份	序号	项目名称	单位面积产能（万吨/公顷）
辽宁	1	×××港区通用杂货泊位	2.67
	2	×××港区 3 号、4 号、5 号散杂泊位工程	8.04
	3	×××港一期工程迁建工程项目	2.06
		平均值	**4.26**
山东	4	×××港液体石油化工码头扩建工程	48.65
	5	×××港液体石油化工品作业区 1 号、2 号码头	3.91
	6	×××港区通用泊位和工作船码头工程	30.08
	7	×××港区集装箱码头一期工程	27.87
	8	×××大炼油工程大件运输件杂货码头项目	4.16
	9	×××港三突堤集装箱码头工程	1.43
	10	×××港区顺岸码头工程	10.66
	11	×××港三突堤 41 号、42 号泊位工程	42.97
	12	×××港区液体化工码头及货物回填工程	6.94
	13	×××港区一期工程	23.72
	14	×××港货运码头工程	26.21
	15	×××港货运码头工程	3.08
	16	×××港扩建二期填海工程 7 号、11 号、12 号泊位及护岸堆场	20.89
	17	×××港区 13 号散货泊位工程	26.99
	18	×××新港建设项目	3.20
		平均值	**18.72**
广东	19	×××港区二期工程	1.00
	20	×××国际集装箱码头项目	1.35
	21	×××石化码头及配套设施项目	133.85
	22	×××联运码头一期项目多用途码头工程	11.79
	23	×××石化码头	188.99
		平均值	**67.40**
浙江	24	×××港区五期集装箱码头工程	0.58
	25	×××港区多用途码头工程	9.00
	26	×××千吨级配套专用码头工程项目	16.75
	27	×××集装箱码头工程项目	1.01
	28	×××能源油品物流项目	66.67
	29	×××能源油品物流项目二期	79.47
	30	×××物资仓储中心及码头工程	16.60
		平均值	**27.15**

省份	序号	项目名称	单位面积产能 （万吨/公顷）
广西	31	×××港整箱作业区项目	2.58
	32	×××港铁路集装箱作业区项目	2.53
	33	×××港区液体散货泊位工程项目	4.36
		平均值	**3.16**
河北	34	×××矿石、原辅料及成品泊位工程项目	25.46
		平均值	**25.46**
		总平均值	**25.16**

由表7.3.9.1-1可以看出，样本点数据分散，随机性和极差较大。为排除异常值和极端值的影响，下面对样本数据做统计分析（见表7.3.9.1-2和图7.3.9.1-1）。

表7.3.9.1-2　港口工程单位面积产能描述统计

1. 描述				统计量	标准误
港口工程 单位面积产能		均值		25.1624	6.868 29
		均值的95% 置信区间	下限	11.1887	
			上限	39.1360	
		5%修整均值		18.6783	
		中值		9.8300	
		方差		1603.895	
		标准差		40.048 65	
		极小值		0.58	
		极大值		188.99	
		范围		188.41	
		四分位距		24.56	
		偏度		2.879	0.403
		峰度		9.087	0.788

2. M-估计器	Huber 的 M-估计器[a]	Tukey 的 双权重[b]	Hampel 的 M-估计器[c]	Andrews 波[d]
港口工程单位 面积产能	12.2938	9.4582	11.3492	9.4231

a. 加权常量为1.339。
b. 加权常量为4.685。
c. 加权常量为1.700、3.400 和8.500。
d. 加权常量为1.340π。

续表

3. 极值			案例号	值
港口工程单位面积产能	最高	1	23	188.99
		2	21	133.85
		3	29	79.47
		4	28	66.67
		5	4	48.65
	最低	1	24	0.58
		2	19	1.00
		3	27	1.01
		4	20	1.35
		5	9	1.43

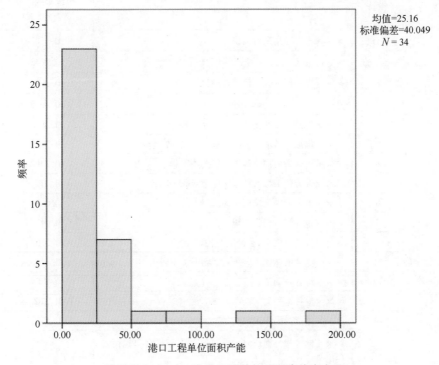

图 7.3.9.1-1 港口工程单位面积产能直方图

由"1. 描述"一表中可以看出港口工程单位面积产能均值为 25.1624，其标准误（均方误差）为 6.868 29，说明均数抽样分布地离散程度较大。由

"2. M 估计器"一表中可看出 Tukey、Hampel、Andrews 估计数值分别为 9.4582、11.3492 和 9.4231，与均值 25.1624 相比差距较大，说明数据存在异常值和极端值。从"3. 极值"表中和直方图（见图 7.3.9.1-1）中也可清晰看出样本分布极差很大，存在极端值。因此这里可以用 M 估计值来代替均值，不妨取 Hampel 估计值 11.3492 来反映集中趋势。所以，在制定港口工程填海项目单位面积产能指标控制值时，建议约束在 11.3 左右。

2）单位岸线产能

港口工程填海项目的单位岸线产能共测算了 29 个样本，其中辽宁省 3 个、山东省 14 个、广东省 5 个、浙江省 6 个、广西壮族自治区 1 个，样本点测算值见表 7.3.9.1-3。

表 7.3.9.1-3　港口工程单位岸线产能指标值测算

省份	序号	项目名称	单位岸线产能（万吨/米）
辽宁	1	×××港区通用杂货泊位	0.3182
	2	×××港区 3 号、4 号、5 号散杂泊位工程	0.9943
	3	×××港一期工程迁建工程项目	0.0971
		平均值	**0.4698**
山东	4	×××港液体石油化工码头扩建工程	0.2821
	5	×××港液体石油化工品作业区 1 号、2 号码头	0.3980
	6	×××港通用泊位和工作船码头工程	0.2498
	7	×××大炼油工程大件运输件杂货码头项目	0.4722
	8	×××港三突堤集装箱码头工程	0.0536
	9	×××港区顺岸码头工程	0.6194
	10	×××港三突堤 41 号、42 号泊位工程	0.5357
	11	×××港区液体化工码头及货物回填工程	0.4130
	12	×××港区一期工程	0.6087
	13	×××港货运码头工程	0.3109
	14	×××港货运码头工程	0.5357
	15	×××港扩建二期填海工程 7 号、11 号、12 号泊位及护岸堆场	0.3635
	16	×××港区 13 号散货泊位工程	0.5420
	17	×××新港建设项目	0.2333
		平均值	**0.4013**

省份	序号	项目名称	单位岸线产能（万吨/米）
广东	18	×××港区二期工程	0.1143
	19	×××国际集装箱码头项目	0.1000
	20	×××石化码头及配套设施项目	1.7094
	21	×××联运码头一期项目多用途码头工程	0.5624
	22	×××石化码头	1.1633
	平均值		**0.7299**
浙江	23	×××港区五期集装箱码头工程	0.1231
	24	×××港区多用途码头工程	0.4619
	25	×××千吨级配套专用码头工程项目	0.2208
	26	×××集装箱码头工程项目	0.1164
	27	×××能源油品物流项目	1.0000
	28	×××物资仓储中心及码头工程	0.4390
	平均值		**0.3935**
广西	29	×××港区液体散货泊位工程项目	0.5032
	平均值		**0.5032**
总平均值			**0.4669**

由表7.3.9.1-3可以看出，样本点数据分散，随机性和极差较大。为排除异常值和极端值的影响，下面对样本数据做统计分析（见表7.3.9.1-4和图7.3.9.1-2）。

表7.3.9.1-4 港口工程单位岸线产能描述统计

1. 描述				
			统计量	标准误
港口工程单位岸线产值	均值		0.466 941	0.067 772 8
	均值的95% 置信区间	下限	0.328 115	
		上限	0.605 768	
	5% 修整均值		0.429 545	
	中值		0.413 000	
	方差		0.133	
	标准差		0.364 967 4	
	极小值		0.0536	
	极大值		1.7094	

		统计量	标准误
港口工程 单位岸线产值	范围	1.6558	
	四分位距	0.3252	
	偏度	1.745	0.434
	峰度	3.882	0.845

2. M - 估计器				
	Huber 的 M - 估计器[a]	Tukey 的 双权重[b]	Hampel 的 M - 估计器[c]	Andrews 波[d]
港口工程单位 岸线产值	0.402 289	0.357 290	0.378 674	0.356 060

a. 加权常量为 1.339。

b. 加权常量为 4.685。

c. 加权常量为 1.700、3.400 和 8.500。

d. 加权常量为 1.340π。

3. 极值			案例号	值
港口工程 单位岸线产值	最高	1	20	1.7094
		2	22	1.1633
		3	27	1.0000
		4	2	0.9943
		5	9	0.6194
	最低	1	8	0.0536
		2	3	0.0971
		3	19	0.1000
		4	18	0.1143
		5	26	0.1164

由"1. 描述"一表中可以看出港口工程单位岸线产能均值为 0.466 941，其标准误（均方误差）为 0.067 772 8，说明均数抽样分布地离散程度较小。由"2. M 估计器"一表中可看出 Tukey、Hampel、Andrews 估计数值分别为 0.357 290、0.378 674 和 0.356 060，与均值 0.466 941 相比差距不是特别大，说明数据在一定程度上受异常值和极端值的影响，因此这里可以用 M 估计值来代替均值，不妨暂且取 Hampel 估计值 0.378 674 来反映集中趋势。所以，在制定港口工程填海项目单位岸线产能指标控制值时，建议约束在 0.4 左右。

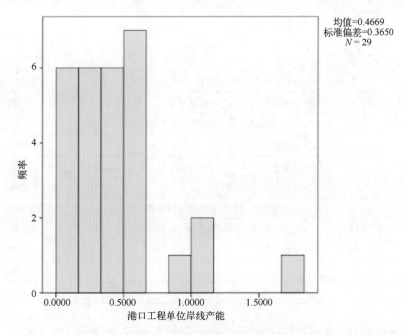

图7.3.9.1-2　港口工程单位岸线产能直方图

7.3.9.2　船舶工业

1）单位面积产能

船舶工业填海项目的单位面积产能共测算了16个样本，其中辽宁省2个、山东省5个、浙江省9个，样本点测算值见表7.3.9.2-1。

表7.3.9.2-1　船舶工业单位面积产能指标值测算

省份	序号	项目名称	单位面积产能（万吨/公顷）
辽宁	1	×××造船工业有限公司造船基地项目	1.2791
	2	×××20万载重吨/年船舶制造项目	0.3053
		平均值	**0.7922**
山东	3	×××船厂建设项目	0.9414
	4	×××船厂整体搬迁扩建工程	0.5000
	5	×××船业	0.6252
	6	×××重工业有限公司	0.3975
	7	×××造修船基地	0.6781
		平均值	**0.6284**

省份	序号	项目名称	单位面积产能（万吨/公顷）
浙江	8	×××8万吨造船基地项目	0.0047
	9	×××船业有限公司技术改造项目	0.8361
	10	×××船业有限公司船舶建造及码头建设项目	1.0211
	11	×××船舶建造项目	0.4478
	12	×××船台、码头	0.3302
	13	×××船舶建造一期工程	0.8990
	14	×××船业有限公司造船基地建设项目	0.5493
	15	×××造船有限公司二期扩建工程	0.2802
	16	×××新建船厂工程	1.4857
		平均值	**0.6505**
		总平均值	**0.6613**

下面对样本数据做统计分析（见表 7.3.9.2 - 2 和图 7.3.9.2 - 1）。

表 7.3.9.2 - 2　船舶工业单位面积产能描述统计

1. 描述			统计量	标准误
船舶工业单位面积产能	均值		0.661 294	0.098 410 8
	均值的95% 置信区间	下限	0.451 536	
		上限	0.871 051	
	5%修整均值		0.651 971	
	中值		0.587 250	
	方差		0.155	
	标准差		0.393 643 2	
	极小值		0.0047	
	极大值		1.4857	
	范围		1.4810	
	四分位距		0.5838	
	偏度		0.537	0.564
	峰度		- 0.068	1.091

2. M - 估计器				
	Huber 的 M - 估计器[a]	Tukey 的 双权重[b]	Hampel 的 M - 估计器[c]	Andrews 波[d]
船舶工业单位 面积产能	0. 625 800	0. 615 310	0. 635 993	0. 615 517

a. 加权常量为 1. 339。

b. 加权常量为 4. 685。

c. 加权常量为 1. 700、3. 400 和 8. 500。

d. 加权常量为 1. 340π。

3. 极值			案例号	值
船舶工业 单位面积产能	最高	1	16	1. 4857
		2	1	1. 2791
		3	10	1. 0211
		4	3	0. 9414
		5	13	0. 8990
	最低	1	8	0. 0047
		2	15	0. 2802
		3	2	0. 3053
		4	12	0. 3302
		5	6	0. 3975

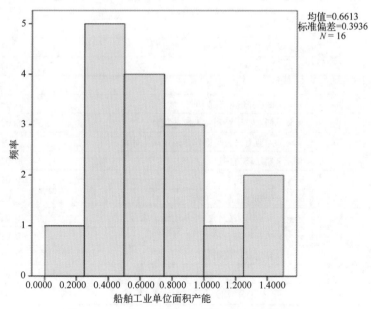

图 7. 3. 9. 2 - 1   船舶工业单位面积产能直方图

由"1. 描述"一表中可以看出船舶工业单位面积产能均值为 0.661 294，其标准误（均方误差）为 0.098 410 8，说明均数抽样分布地离散程度较小。由"2. M 估计器"一表中可看出 Tukey、Hampel、Andrews 估计数值分别为 0.615 310、0.635 993 和 0.615 517，与均值 0.661 294 相比差距不大，说明数据不存在明显异常值和极端值，但为了更好地拟合数据的集中趋势，这里仍然用 Hampel 估计值 0.635 993 代替均值来反映集中趋势。所以，在制定船舶工业填海项目单位面积产能指标控制值时，建议约束在 0.6 左右。

2）单位岸线产能

船舶工业填海项目的单位岸线产能共测算了 16 个样本，其中辽宁省 2 个、山东省 5 个、浙江省 9 个，样本点测算值见表 7.3.9.2 - 3。

表 7.3.9.2 - 3　船舶工业单位岸线产能指标值测算

省份	序号	项目名称	单位岸线产能（万吨/米）
辽宁	1	×××造船工业有限公司造船基地项目	0.1228
	2	×××20 万载重吨/年船舶制造项目	0.0100
		平均值	**0.0664**
山东	3	×××船厂建设项目	0.0453
	4	×××船厂整体搬迁扩建工程	0.0200
	5	×××船业	0.0159
	6	×××重工业有限公司	0.0279
	7	×××造修船基地	0.0420
		平均值	**0.0302**
浙江	8	×××8 万吨造船基地项目	0.0508
	9	×××船业有限公司技术改造项目	0.0231
	10	×××船业有限公司船舶建造及码头建设项目	0.0711
	11	×××船舶建造项目	0.0208
	12	×××船台、码头	0.0133
	13	×××船舶建造一期工程	0.0233
	14	×××船业有限公司造船基地建设项目	0.0217
	15	×××造船有限公司二期扩建工程	0.0124
	16	×××新建船厂工程	0.0343
		平均值	**0.0301**
		总平均值	**0.0347**

下面对样本数据做统计分析(见表7.3.9.2-4和图7.3.9.2-2)。

表7.3.9.2-4 船舶工业单位岸线产能描述统计

1. 描述				
			统计量	标准误
船舶工业单位岸线产能	均值		0.034 669	0.007 164 6
	均值的95% 置信区间	下限	0.019 398	
		上限	0.049 940	
	5%修整均值		0.031 143	
	中值		0.023 200	
	方差		0.001	
	标准差		0.028 658 2	
	极小值		0.0100	
	极大值		0.122 8	
	范围		0.112 8	
	四分位距		0.0276	
	偏度		2.217	0.564
	峰度		5.637	1.091

2. M - 估计器				
	Huber 的 M - 估计器[a]	Tukey 的 双权重[b]	Hampel 的 M - 估计器[c]	Andrews 波[d]
船舶工业单位岸线产能	0.026 844	0.024 327	0.026 173	0.024 312

a. 加权常量为1.339。
b. 加权常量为4.685。
c. 加权常量为1.700、3.400 和8.500。
d. 加权常量为1.340π。

3. 极值				
			案例号	值
船舶工业单位岸线产能	最高	1	1	0.1228
		2	10	0.0711
		3	8	0.0508
		4	3	0.0453
		5	7	0.0420
	最低	1	2	0.0100
		2	15	0.0124
		3	12	0.0133
		4	5	0.0159
		5	4	0.0200

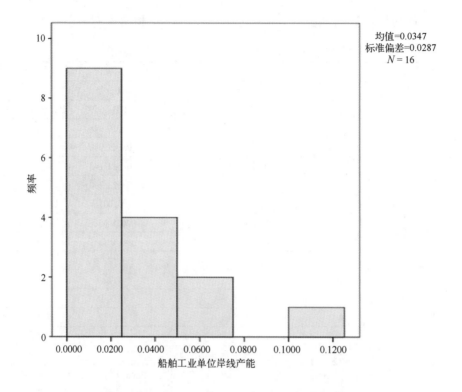

图7.3.9.2-2 船舶工业单位岸线产能直方图

由"1. 描述"一表中可以看出，船舶工业单位岸线产能均值为
0.034 669，其标准误（均方误差）为 0.007 164 6，说明均数抽样分布地离
散程度不是很大。由"2. M 估计器"一表中可看出 Tukey、Hampel、Andrews
估计数值分别为 0.024 327、0.026 173 和 0.024 312，与均值 0.034 669 相
比差距不是很大，说明数据在一定程度上受异常值和极端值的影响。为了
更好地拟合数据的集中趋势，这里用 Hampel 估计值 0.026 173 代替均值来
反映集中趋势。所以，在制定船舶工业填海项目单位岸线产能指标控制值
时，建议约束在 0.1 左右。

7.3.9.3　石化工业

1）单位面积产能

石化工业填海项目的单位面积产能共测算了 6 个样本，其中辽宁省 2
个、山东省 1 个、广东省 2 个、浙江省 1 个，样本点测算值见表 7.3.9.3-1。

表 7.3.9.3 - 1　石化工业单位面积产能指标值测算

省份	序号	项目名称	单位面积产能 （万吨/公顷）
辽宁	1	×××石化有限公司年产 50 万吨 PTA 项目	2.5768
	2	×××石化有限公司	0.6817
山东	3	×××炼化公司排洪集水区项目	10.2190
广东	4	×××液化天然气应急调峰站	5.8835
	5	×××液化天然气项目	14.9766
浙江	6	×××能源石化储运项目	29.5584
总平均值			**10.6493**

下面对样本数据做统计分析（见表 7.3.9.3 - 2 和图 7.3.9.3 - 1）。

表 7.3.9.3 - 2　石化工业单位面积产能描述统计

1. 描述			统计量	标准误
石化工业 单位面积产能	均值		10.649 333	4.334 727 6
	均值的 95% 置信区间	下限	-0.493 439	
		上限	21.792 105	
	5% 修整均值		10.152 587	
	中值		8.051 250	
	方差		112.739	
	标准差		10.617 870 8	
	极小值		0.6817	
	极大值		29.5584	
	范围		28.8767	
	四分位距		16.5190	
	偏度		1.308	0.845
	峰度		1.616	1.741

2. M - 估计器				
	Huber 的 M - 估计器[a]	Tukey 的 双权重[b]	Hampel 的 M - 估计器[c]	Andrews 波[d]
石化工业单位 面积产能	8.525 358	7.757 064	8.974 563	7.745 449

a. 加权常量为 1. 339。
b. 加权常量为 4. 685。
c. 加权常量为 1. 700、3. 400 和 8. 500。
d. 加权常量为 1. 340π。

3. 极值[e]			案例号	值
石化工业 单位面积产能	最高	1	6	29. 5584
		2	5	14. 9766
		3	3	10. 2190
	最低	1	2	0. 6817
		2	1	2. 5768
		3	4	5. 8835

e. 请求的极值数量超出了数据点的数量。将显示较少数量的极值。

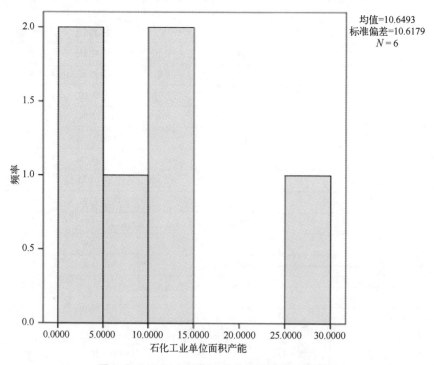

均值=10.6493
标准偏差=10.6179
$N = 6$

图 7.3.9.3-1　石化工业单位面积产能直方图

由"1. 描述"一表中可以看出石化工业单位面积产能均值为 10. 649 333，其标准误(均方误差)为 4. 334 727 6，说明均数抽样分布地离散程度较大。

由"2. M 估计器"一表中可看出 Tukey、Hampel、Andrews 估计数值分别为
7. 757 064、8. 974 563 和 7. 745 449，与均值 10. 649 333 相比差距不是很
大，说明数据在一定程度上受异常值和极端值的影响，但为了更好地拟合
数据的集中趋势，这里用 Hampel 估计值 8. 974 563 代替均值来反映集中趋
势。所以，在制定石化工业填海项目单位面积产能指标控制值时，建议约
束在 9.0 左右。

2）单位岸线产能

石化工业填海项目的单位岸线产能共测算了 6 个样本，其中辽宁省 3
个、广东省 3 个，样本点测算值见表 7. 3. 9. 3 - 3。

表 7. 3. 9. 3 - 3　石化工业单位岸线产能指标值测算

省份	序号	项目名称	单位岸线产能（万吨/米）
辽宁	1	×××液化天然气项目	0. 3139
	2	×××石化有限公司年产 50 万吨 PTA 项目	0. 1187
	3	×××石化有限公司	0. 0783
广东	4	×××液化天然气应急调峰站	0. 1823
	5	×××液化天然气项目	1. 9417
	6	×××炼油项目	1. 0274
总平均值			**0. 6104**

由表 7. 3. 9. 3 - 3 可以看出，样本点数据分散，随机性和极差较大。为
排除异常值和极端值的影响，下面对样本数据做统计分析（见表 7. 3. 9. 3 -4
和图 7. 3. 9. 3 -2）。

表 7. 3. 9. 3 -4　石化工业单位岸线产能描述统计

1. 描述			统计量	标准误
石化工业单位岸线产能	均值		0. 610 383	0. 302 342 5
	均值的 95% 置信区间	下限	- 0. 166 813	
		上限	1. 387 580	
	5% 修整均值		0. 565 981	
	中值		0. 248 100	
	方差		0. 548	

续表

		统计量	标准误
石化工业单位岸线产能	标准差	0.740 584 9	
	极小值	0.0783	
	极大值	1.9417	
	范围	1.8634	
	四分位距	1.1474	
	偏度	1.520	0.845
	峰度	1.549	1.741

2. M - 估计器

	Huber 的 M - 估计器[a]	Tukey 的 双权重[b]	Hampel 的 M - 估计器[c]	Andrews 波[d]
石化工业单位岸线产能	0.273 440	0.171 396	0.211 328	0.171 369

a. 加权常量为 1.339。

b. 加权常量为 4.685。

c. 加权常量为 1.700、3.400 和 8.500。

d. 加权常量为 1.340π。

3. 极值[e]

			案例号	值
石化工业单位岸线产能	最高	1	5	1.9417
		2	6	1.0274
		3	1	0.3139
	最低	1	3	0.0783
		2	2	0.1187
		3	4	0.1823

e. 请求的极值数量超出了数据点的数量。将显示较少数量的极值。

由"1. 描述"一表中可以看出石化工业单位岸线产能均值为 0.610 383，其标准误（均方误差）为 0.302 342 5，说明均数抽样分布地离散程度较大。由"2. M 估计器"一表中可看出 Tukey、Hampel、Andrews 估计数值分别为 0.171 396、0.211 328 和 0.171 369，与均值 0.610 383 相比差距很大，说明数据存在异常值和极端值。为了更好地拟合数据的集中趋势，这里用 Hampel 估计值 0.211 328 代替均值来反映集中趋势。所以，在制定石化工业填海项目单位岸线产能指标控制值时，建议约束在 0.2 左右。

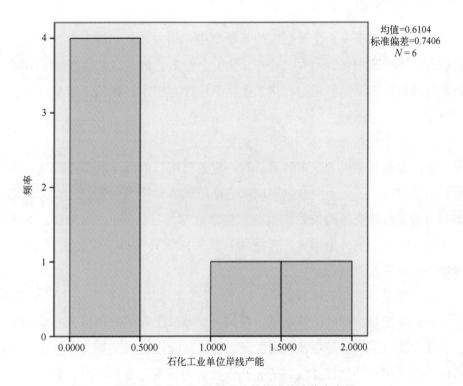

图7.3.9.3-2　石化工业单位岸线产能直方图

7.4　海洋产业填海项目控制指标值的确定

通过对海域利用效率、容积率、行政办公及生活服务设施占地比例、绿地率、道路占地比率、岸线利用效率、单位面积用海系数、单位岸线用海系数、单位面积产值、单位岸线产值、单位面积产能、单位岸线产能12项控制指标进行测算，发现以下问题，并给予解决。

1）电力工业项目海域利用效率指标值较低

电力工业项目海域利用效率指标值建议定为55%，与其他产业的65%的指标值相比较低。这是由于我们在样点调查时，电厂的实际测算值就相对较低，即四省的总平均值为42.80%，主要原因是电厂都存在预留地，且面积较大。若强行提高该指标值，则与实际情况相差较大，建议可进一步根据指标使用情况进行调整。

2)石化工业不设置容积率指标

随着国家对于安全生产要求的不断严格，相关规范相继出台，安全距离控制指标不断细化、增大。此外，化工企业工艺的先进性也控制了其建筑装置的规模。综上所述，石化工业将不设置容积率指标值，避免日后执行时与行业规定抵触。

3)绿地率控制指标值不做具体规定

建造绿地对于提升景观效果具有一定的作用，但海洋的生态环境价值明显高于绿地。因此不应鼓励在填海造地范围内建造大面积绿地，高绿地率容易造成海洋资源的浪费。因此，将绿地率指标值定为"填海项目内部一般不得安排绿地。但因生产工艺等特殊要求需要安排一定比例绿地的，绿地率不得超过20%"。

4)删除道路占地比率指标

依据本控制指标的测算结果，我们选取港口工程用海项目进行实例验证，并与港口工程行业规范进行验证对比。从验证结果分析，专业化集装箱码头多采用自动化程度较高的装卸设备，为满足设备的高效运转，道路面积在港区陆域面积中所占比例较大，与本控制指标中的道路占地比率有一定差异，故取消该指标。

5)删除单位用海系数，只留单位投资强度，指标值由各省自行制定

我们在设计控制指标时，提出了单位用海系数和投资强度两项指标，两者是互为倒数的关系。我们在测算指标值时，只测算了单位用海系数。最终，经专家咨询和实际应用，我们认为投资强度更容易被认可和理解，并综合考虑投资强度对海洋产业海域利用集约度的影响较大，故选取了该项指标作为海洋产业填海项目的控制指标。但是，通过对收集样本数据的测算，我们发现投资强度指标的数值规律性较差，并且考虑到其受区域经济发展水平和资源环境条件等因素影响较大，故我们建议不制定统一的指标值，应该由各省根据自身实际情况来制定指标值，这样更为科学合理。

6)对区域用海规划内的项目应区别对待

区域用海规划范围内的项目由于存在占用原岸线不明确的情况，故不计算岸线利用效率、单位岸线投资强度、单位岸线产值和产能等岸线类控

制指标。

7）与工业建设项目控制指标对比

经对比，海洋产业填海项目控制指标与土地的工业建设项目控制指标衔接性较好。具体情况见表7.4－1。

表7.4－1　与工业建设项目控制指标对比结果

指标类型	海洋产业填海项目控制指标	工业建设项目控制指标
绿地率	填海项目内部一般不得安排绿地。但因生产工艺等特殊要求需要安排一定比例绿地的，绿地率不得超过20%	≤20%
行政办公及生活服务设施占地比例	≤7%	≤7%
容积率	电力：≥0.5	电气业：≥0.7
	石化：≥0.5	石油加工业：≥0.5

8）国管用海项目指标测算验证

经测算，海域利用效率、道路占地比例、单位面积产能和单位岸线产能这五项指标的符合性较好，其中符合率最高的为海域利用效率和道路占地比例，符合率达到了100%。具体情况见表7.4－2。

表7.4－2　国管用海项目指标测算验证结果

控制指标	产业类型		
	有效样本数量	符合数量	符合率（%）
海域利用效率	6	6	100
岸线利用效率	7	3	43
容积率	2	1	50
行政办公及生活服务设施占地比例	6	4	67
单位面积产能	10	9	90
单位岸线产能	6	5	83

通过以上分析，我们最终确定了11项控制指标，并将控制指标分为用海面积控制指标和岸线控制指标，包括海域利用效率、容积率、行政办公及生活服务设施占地比例、绿地率、单位面积投资强度、单位面积产

值、单位面积产能、岸线利用效率、单位岸线投资强度、单位岸线产值和单位岸线产能。通过对样本点数据的统计分析和 11 项指标的测算值，同时在借鉴土地、建设项目和城市规划控制指标及相关标准的基础上，确定了指标的控制值。具体指标控制值见表 7.4－3 和表 7.4－4。

表 7.4－3　海洋产业填海项目用海面积控制指标值

控制指标	产业类型				
	港口工程	船舶工业（海洋装备制造业）	石化工业	电力工业	其他工业
1. 海域利用效率(%)	≥65	≥65	≥65	≥55	≥55
2. 容积率	—	—	—	≥0.5	≥0.7
3. 行政办公及生活服务设施占地比例	≤7%				
4. 绿地率	填海项目内部一般不得安排绿地。但因生产工艺等特殊要求需要安排一定比例绿地的，绿地率不得超过20%				
5. 单位面积投资强度	具体指标值暂由各省(自治区、直辖市)制定				
6. 单位面积产值（万元/公顷）	≥260	≥2300	≥3000	≥2300	—
7. 单位面积产能（万吨/公顷）	≥11.3	≥0.6	≥9.0	—	—

表 7.4－4　海洋产业填海项目岸线控制指标值

控制指标		产业类型				
		港口工程	船舶工业（海洋装备制造业）	石化工业	电力工业	其他工业
1. 岸线利用效率	岸线利用型填海	≥1.2				
	造地型填海	—	—	≥0.07(公顷/米)		
2. 单位岸线投资强度		具体指标值暂由各省(自治区、直辖市)制定				
3. 单位岸线产值（万元/米）		≥20	≥75	≥410	≥75	—
4. 单位岸线产能（万吨/米）		≥0.4	≥0.1	≥0.2	—	—

注：1. 不涉及建设码头、船坞等岸线利用的产业，不计算岸线利用效率(岸线利用型填海)指标值。
　　2. 区域用海规划范围内的项目不计算岸线利用效率、单位岸线投资强度、单位岸线产值和产能等岸线类控制指标。

7.5　指标的应用

　　海洋产业填海项目控制指标的研究主要是为了解决当前在海域和岸线使用上普遍存在的粗放利用、闲置浪费问题，进一步推进海域和岸线的集约利用。指标可作为核定项目用海规模的重要依据，可应用到海域使用论证报告及其他项目用海有关法律文书等编制工作中。指标的应用将有利于提高海域的集约利用水平，大大提升海域管理能力，对项目用海面积的管理可实现制度化、定量化、主动式。

　　本控制指标适用于港口工程、船舶工业（海洋装备制造业）、石化工业、电力工业、其他工业等产业的填海造地项目。其中，其他工业项目包括水产品加工厂、钢铁厂及海上各类工厂等填海造地项目。

　　本研究共设计了海域利用效率、容积率、行政办公及生活服务设施占地比例、绿地率、单位面积投资强度、单位面积产值、单位面积产能、岸线利用效率、单位岸线投资强度、单位岸线产值和单位岸线产能共 11 项指标，并设立了指标值，其中投资强度受区域经济发展水平、资源环境条件等因素影响明显，在实际应用中由各省（自治区、直辖市）自行制定控制指标值。此外，海域利用效率、容积率、行政办公及生活服务设施占地比例、单位面积投资强度、岸线利用效率、单位岸线投资强度 6 项指标建议在实际应用中作为强制性指标，予以严格执行；而其他 5 项指标作为指导性指标，建议在审批项目用海时参照执行。

　　本控制指标是编审海域使用论证报告和审批项目填海规模的重要依据。申请用海单位在编制海域使用论证报告和项目用海申请文书时，必须在报告中明确各项控制指标值，并给出计算过程和取值依据。各级海洋行政主管部门在审查项目用海时，对于不符合指标要求的，不予批准或核减其项目用海面积和占用岸线长度。对因生产安全等有特殊要求确需突破控制指标的，必须提供相关说明材料，并在论证报告中进行充分论述，确属合理的，方可批准。

第八章　海洋产业集约用海的建议

本章针对港口工程、船舶工业、电力工业、石化工业和其他工业等我国主要海洋产业用海的粗放状态和出现的诸多问题，结合前面章节集约用海影响因素分析、集约用海水平评价等研究，提出一些具有针对性、可行性的建议，以进一步提高我国主要海洋产业集约用海水平。

(1)提高岸线利用效率。当前用海项目的岸线使用方式较为粗放，可通过平面设计等方法提高岸线的利用率。对于改扩建的工程，应尽量采用人工岛或突堤式填海来增加岸线，高效利用原有岸线，不应再占用岸线资源。对于石化和电力工业等非功能性填海产业应尽量减少岸线的占用，增加陆域纵深来满足用地需要。

(2)在审批时，应针对不同的行业特点，重点审查的内容应有所区别，如港口工程重点审查项目利用岸线情况，堆场和道路面积的合理性。电力工业重点审查堆场、绿地和岸线利用的合理性。船舶工业重点审查堆场、绿地和岸线利用的合理性。石化工业重点审查罐区、绿地、道路和岸线利用的合理性。其他工业重点审查行政和生活设施用地、厂房等生产设施用地、道路及岸线利用的合理性。

(3)项目规划阶段，根据实际情况，准确预计未来发展程度，定位明确，避免估计过高，设计道路宽度过大，土地预留面积过大，而造成浪费。分期建设时，在满足功能和安全要求的前提下，应根据规划情况，统筹规划，远近结合，合理布局。近期建设用地应尽量集中，远期建设用地应预留在项目建设区扩建端侧。建设用地应采取措施，严格控制取、弃土用地。超过原规划要求的扩建或改建工程，应充分利用现有场地和生产、交通、生活设施，尽量减少新增用地面积。

（4）工业项目建设应采用先进的生产工艺、生产设备，缩短工艺流程，节约使用土地。厂区建（构）筑物应根据生产工艺流程要求，充分利用地形、地貌、地质条件，并结合周边环境进行合理布置。对适合多层标准厂房生产的工业项目，应建设或进入多层标准厂房。

（5）在满足安全运行、方便管理和符合防火、防爆、环保、卫生等条件下，辅助生产和附属建筑及厂前建筑区（生产与行政办公及生活服务设施）宜按功能采用联合布置、成组布置和多层建筑，以减少生活设施、配套设施用海面积。例如山东省某钢铁企业用海项目建有两层钢构停车场，大大提高了土地的利用效率。

（6）厂区绿化应充分利用行政、生活配套设施的建（构）筑物前后侧、道路两侧或不能用于其他方式用地的空地，不应专为绿化增加用地。尤其是港口工程、船舶工业等产业不需要专门设置绿地。

（7）多企业合作，可共用一些设施，如码头、港池、库区、消防设施等，实现成本的节约和岸线的集约利用。例如，广东省某液化天然气应急调峰站项目和广东省某液化天然气项目两个企业共用港池和消防设施；山东省某仓储公司和山东省某液体化工公司的负责人表示，两家公司计划合二为一，共用码头和罐区，以提高码头利用效率；山东省某大炼油项目本身库容设计不足，在运营过程中充分利用青岛港的库容设施。

（8）企业可采取多项业务外包方式，减少自身生产装置布置，节约生产成本和用海用地面积。例如山东省某大炼油项目按照"大型化、系列化、集约化、信息化"理念进行规划建设，多项业务外包，精简职工人数，实现信息化管理，达到了较高的土地集约化利用水平，具有鲜明的规模经济、技术先进、环保领先和效益显著特征。

（9）尽快制定产业围填海指标。对不符合指标要求的工业项目，不予填海或对项目用海面积予以核减。对因生产安全等有特殊要求确需突破控制指标的，应当根据有关规定，结合项目实际进行充分论证，确属合理的，方可批准供海。且应根据社会经济发展、技术进步、集约节约用海要求和控制指标实施情况，适时修订。

（10）部分地区填而不建、围而不填等现象，造成海域浪费严重，可开展各地集约节约用海情况评价，评价结果作为围填海指标分配和区域用海规划审批的重要依据。此外，相关部门要加强项目建设中和投入生产等后续的监管。

（11）考虑如何对岸线进行精细化管理和经营，充分发挥其综合效益。